米軍のグアム統合計画

沖縄の海兵隊はグアムへ行く

吉田健正

Kensei Yoshida

Draft

Environmental Impact Statement /

Overseas Environmental Impact Statement

GUAM AND CNMI MILITARY RELOCATION

Relocating Marines from Okinawa,
Visiting Aircraft Carrier Berthing, and
Army Air and Missile Defense Task Force

Volume 1: Overview of Proposed Actions and Alternatives

November 2009

Comments may be submitted to:

Joint Guam Program Office
c/o Naval Facilities Engineering Command, Pacific
Attn: Guam Program Management Office
258 Makalapa Drive, Suite 100
Pearl Harbor, HI 96860

高文研

■はじめに

普天間基地移設問題が、民主党政権を揺るがしている。

現行の日米安保条約が締結されて五〇年、普天間問題は日米同盟の喉元《のどもと》に深く突き刺さったトゲとなった。

だがここに、奇妙な事態が進行している。

二〇〇六年五月、日米両政府は前年一〇月の合意文書**「日米同盟：未来のための再編と変革」**にもとづく**「在日米軍再編実施のためのロードマップ」**合意を発表した。

そこでは、沖縄の米海兵隊の要員八〇〇〇名とその家族九〇〇〇名がグアムに移転することが確約された。

ただし、その海兵隊員八〇〇〇名はすべて指揮部隊・司令部要員である。したがって沖縄に残るのは、実戦部隊だけとなる。

ところがこの「ロードマップ」合意からわずか二か月後の〇六年七月、米太平洋軍による**「グアム統合軍事開発計画」**なるものが発表された。米国領グアムをアジア太平洋の一大軍事拠点として拡張・整備するという計画である。

二年後の〇八年四月、この計画は米海軍省により「グアム統合マスタープラン」として確定され、翌〇九年一一月、このマスタープランを実行するための「環境影響評価案」（環境アセスメント案）が公表された。

グアムには現在、広大なアンダーセン空軍基地が存在する。普天間海兵隊航空基地の一三倍、嘉手納空軍基地の四倍の広さをもつこの空軍基地の東側と西側には、それぞれ長い二本の滑走路がそなわっている。

このアンダーセン空軍基地について、「環境影響評価案」はこう述べている。

「場所的に制約はあるものの、アンダーセン空軍基地は（飛行場機能の）適合性と基準のすべてを満たした。唯一の理にかなった選択肢である。この国防総省の現存飛行場は、沖縄から移転することになっている航空機を受け入れるだけの十分なスペースをもつ」（第二巻第二章）

「海兵隊の飛行場機能要件は、アンダーセン空軍基地の現存飛行場で対応する」（同）

普天間問題が民主党新政権の命運を制しかねない大問題となる一方で、当の米軍は再編についての検討を重ね、公式の文書の中でこのような「評価」を下しているのである。

この引用から分かるように、普天間基地移設問題にとって、この「環境影響評価案」は重大な意味をもつ。しかも「環境影響評価案」には、沖縄からグアムに移駐する海兵隊のための射撃演習場や都市型戦闘訓練場などの建設計画も入っている。そしてそれは、インターネットで公表されている。

それなのに、この事実はマスメディアでまったく報道されてこなかった。

メディアだけではない。日本政府もこの事実についてまったく触れない。触れないどころか、北沢防衛大臣にいたっては、〇九年一二月にグアムをざっと見てきただけで早ばやと「グアム移設は困難だ」と言い切った。

繰り返すが、普天間基地移設問題にかかわって、この米軍のグアム統合計画は決定的に重要な意味を持つ。にもかかわらず、この重要な事実が日本では伝えられていない。

ところで、メディアが伝えなかったこの問題を必死で訴えてきた自治体がある。

当の普天間基地をかかえる宜野湾《ぎのわん》市である。市はそのホームページで「普天間基地のグアム移転の可能性について」米軍計画の内容を伝えるとともに、伊波洋一市長は〇九年一一月二六日、上京して鳩山首相と面談、「環境影響評価案」等の資料を手渡して首相自らの

「検証」を依頼、あわせて参院会館で院内集会を開き、衆参両院の有志議員に対し米軍のグアム統合計画を伝えた（その後、一二月一一日にも、伊波市長は再度、衆院第二議員会館で与党国会議員に対し講演した）。

本書もまた宜野湾市と同じ切迫した思いで、グアムが背負わされてきた軍事基地としての歴史的経緯を含め、すでに実現へ向け一歩を踏み出した米軍のグアム軍事拠点化の計画を伝えるものである。

なお、防衛省（ホームページ）によると、二〇一〇年一月末現在、「（グアムの）消防署設計・下士官用隊舎標準設計（共にフィネガヤン地区）・港湾運用部隊司令部庁舎設計（アプラ地区）」については「一一月一一日（米国時間）契約完了」、「フィネガヤン地区基盤整備事業・アンダーセン空軍基地北部地区基盤整備事業・アプラ地区基盤整備事業」については「米海軍施設エンジニアリング本部（ＮＡＶＦＡＣ）が入札公告を実施中」だという。二〇〇九年一〇月に来日したゲーツ米国防長官が、日米合意にもとづいて普天間基地の県内移設がなければ、在沖海兵隊のグアム移転も嘉手納以南の基地閉鎖・返還もない、と言ったのとは裏腹に、海兵隊のグアム移転計画はすでに実施の段階に入っているのである。

❖もくじ

Ⅱ 「SACO」合意から「米軍再編ロードマップ」へ ……… 51

装丁　商業デザインセンター・増田 絵里

■基地建設計画によれば、アンダーセン空軍基地の北東飛行場の北側は航空機動コマンドの搭乗口となり、南側は海兵隊航空戦闘部隊が格納庫、管理棟などを備えたベッドダウン（出撃態勢駐機施設）として使う。北西飛行場は固定翼機や回転翼機の飛行訓練に使う。

■通信施設のあるフィネガヤン一帯では、海兵隊司令部のほか、通信・保安・補修・燃料保管・武器保管・射撃訓練場などの施設、警備・消防、倉庫、独身者用住宅、家族用住宅、病院、学校、劇場、遊園地、レストラン、銀行、給油所、店舗、ジムなどが整備される。

■南アンダーセン空軍基地は海兵隊が都市型戦闘訓練などの実戦訓練に使う。

南アンダーセン空軍基地の東側、新たに接収されるルート15一帯は、実弾および屋内実戦演習場になる。

■海軍バリガダ基地も空軍バリガダ基地も海兵隊が実戦演習場として使う。

■海軍弾薬庫のほぼ南半分は、海兵隊が非火力射撃訓練や体力強化訓練場として使う。

■西岸のアプラ港には、海軍空母寄港埠頭と海兵隊揚陸艦埠頭が建造される。

■テニアン島中部を海兵隊の実弾射撃訓練場として使用する。

＊施設名の明朝体は、既設の施設
＊　〃　のゴシック体は新設 訓練場
（　の箇所）
固定翼機、回転翼機の
飛行訓練
アンダーセン空軍基地
北西飛行場
航空機動コマンド
搭乗口
陸軍ミサイル防衛任務隊
弾薬庫
フィネガヤン海軍
コンピューター
・通信施設
北東飛行場
南フィネガヤン
住宅地区
海兵隊司令部
・住宅地区、
小火器訓練場
海兵航空
戦闘部隊の
出撃態勢
駐機施設
恋人岬
フィリピン海
タモン貯油施設
タモン湾
グアム国際空港
太平洋戦争
国立歴史公園
南アンダーセン
空軍基地
ルート15実戦訓練場
海兵隊の都市型戦闘訓練予定
海軍病院
アプラ港
海軍バリガダ基地
空軍バリガダ基地
アプラ港
海軍基地
新設：空母寄港埠頭、
揚陸艇埠頭
海軍住宅
海軍弾薬庫
地区
太　平　洋
海兵隊の非火カレンジ（演習場）
横井ケーブ
マゼラン上陸記念碑
グアム米軍基地
の増強基本計画

■日本の防衛省も、グアムの戦略的位置の重要性について、下のような図を示して説明している。

グアムの戦略的な位置

防衛省・グアム移転事業室「在沖米海兵隊のグアム移転について」より

（2009年8月作成、同省ホームページに掲載）

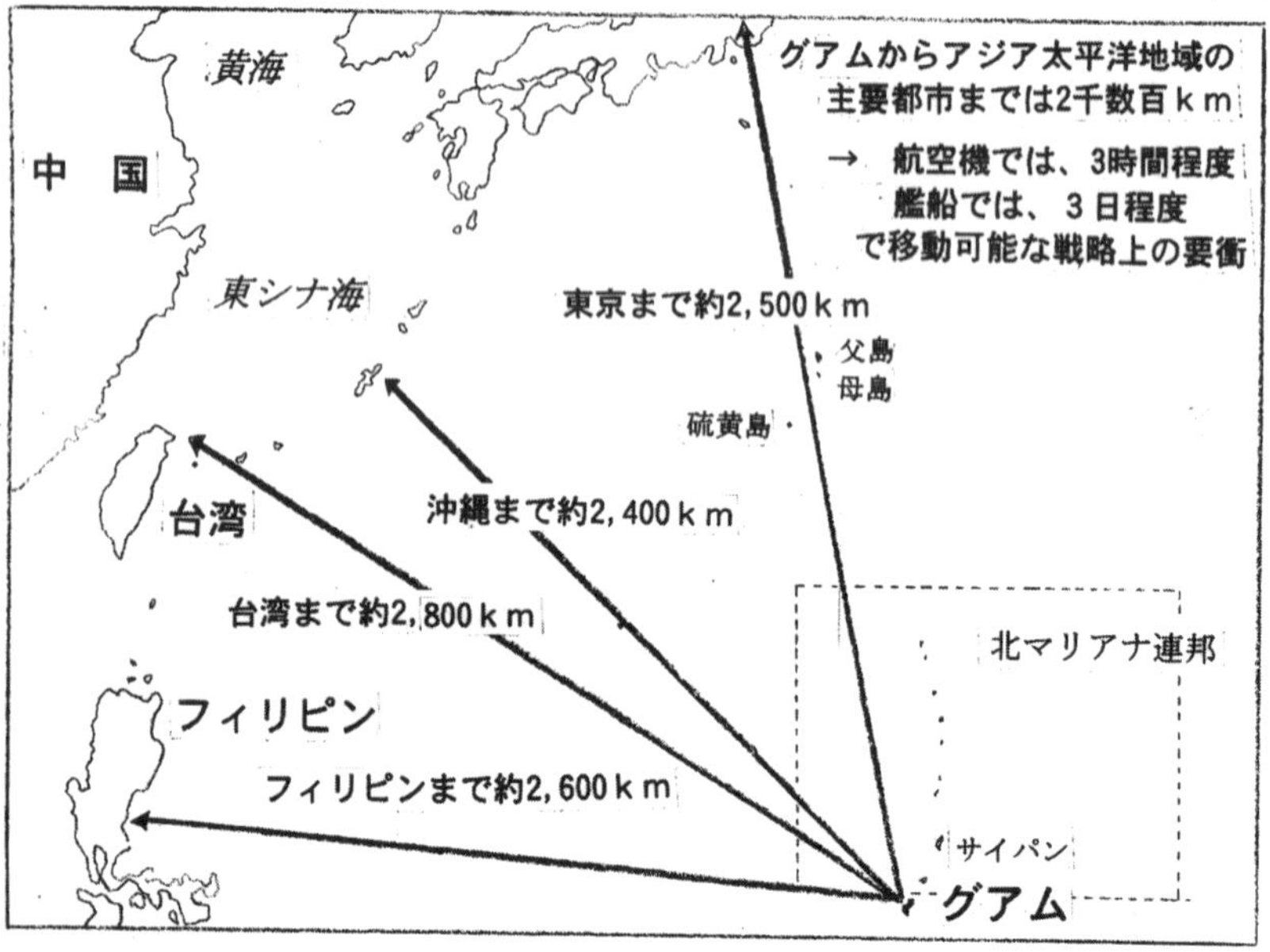

序章　米軍再編とグアム

❖観光の島から再び軍事拠点へ

豊かな自然に囲まれた常夏の観光地グアム。

この地を訪れる観光客は、年間一一四万人（二〇〇八年）。うち八五万人が日本からの訪問者だった。日本人観光客が四人のうち三人を占め、二位以下の米軍関係者観光客、韓国や台湾からの観光客を大きく引き離している。グアム観光の中心地、「恋人岬」などで知られる西沿岸のタモンには、日本資本のリゾートホテルも立ち並ぶ。

そのグアムで、いま、米国が大規模な前方展開軍事基地の建設計画を進めている。太平洋戦争以来、朝鮮戦争、ベトナム戦争、湾岸戦争で重要な軍事的役割を果たしたグアムが、再び軍事拠点として生まれ変わろうとしているのである。

それとともに、一部の観光地を除いて電気・水道・道路などのインフラ整備が遅れていた多くの地域でも開発が進むことになる。グアムの地形や自然も変わり、経済も社会も大きく変貌する可能性がある。軍事基地拡張計画が完了すれば、グアムの陸上、近海、上空には、アジア太平洋に展開する米軍だけでなく日本の自衛隊なども訓練や作戦にやってくる。グアム自身が大きな転機を迎えようとしている。

東南アジア系と見られる人々（チャモロ族）が住み着いたグアムは、「大航海時代」に世界一周を企てたマゼランの一行が到着し、一五六五年にスペイン植民地となったが、一八九八年のアメリカ・スペイン（米西）戦争で米国領に変わった。真っ白い砂浜、サンゴ礁特有のエメラルド色の海、椰子の木、亜熱帯気候、独特の石柱や言語・舞踊・音楽・風俗で知られ、「南海の楽園」とも称される。足跡の形をした細長いグアムには、その歴史を反映して、スペイン統治、米国統治、太平洋戦争などの記憶を残す名所旧跡も多い。

首都は、島中央部西岸に位置するハガニア（またはハガニャ。旧名アガナ）。大聖堂やヨハネ・パウロ二世教皇像などスペイン統治時代の名残を強くとどめる。島の人口はおよそ一七万人（二〇〇七年）だが、その内訳は多様だ。二〇〇〇年の調査によると、全人口の約三七％はチャモロ人、三八％がフィリピンや他の周辺の島々からの移住者、六％は中国などのアジア系、七％が米本土などからのコーケイジアン（白人）移住者、そして一〇％が混血だという。したがって言語も、英語三八％、チャモロ語二二％、フィリピン語二二％と、入り混じる。

「アメリカの一日が始まる場所」と言われるように、マリアナ諸島の南端（北緯13度28分、東経144度30分）、ハワイの西六一〇〇キロ、米本土西岸から一万キロに位置する米国最西端の領土である。東アジアにおける米国の同盟国・地域にも近い。韓国（ソウル）まで三二〇〇キロ、日本（東京）まで二五〇〇キロ、台湾（台北）まで二八〇〇キロ、フィリピン（マニラ）まで二六〇〇キロ、オーストラリア（シドニー）まで五〇〇〇キロという距離だ。東アジア地域へは沖縄より若干遠いものの、ハワイやカリフォルニアからはより近い。

この位置こそ、米国がグアムを西太平洋における重要な戦略的軍事拠点と考える最大の理由である。ハワイのホノルルに司令部を構え、米国本土西岸からアフリカ大陸東岸までの広大な一帯を管轄する米太平洋軍にとって、米本土やハワイより戦略的な位置にある。しかもグアムは、米国属領として米国憲法が全面的には適用されないだけでなく、同盟諸国の場合と異なり、基地建設や部隊の行動に関して条約上の制約も受けない。それに、淡路島とほぼ同じ面積（沖縄本島の約半分）しかなく、「ドット（点）」と称されるように、地図では針の先ほどしかないが、島の三分の一は米国防総省の所有地だ。

グアムには、現在、アンダーセン空軍基地、原子力潜水艦や原子力空母が寄港するアプラ軍港、海軍弾薬庫地区、海軍通信基地などがおかれている。オロテ岬には海兵隊飛行場跡もある。太平洋戦争から冷戦時代にかけて米軍が〝不沈空母〟あるいは〝槍の先端〟と呼んできたこの島の基地は、一九八九年の冷戦終結後ほとんど放置され、道路、飲料水施設、港湾、滑走路なども荒れたままになっていた。強大な台風が電力網や電話網をずたずたにしてしまうこともある。最近になって滑走路のひとつが復旧されたアンダーセン空軍基地では、米本土、ハワイ、日本などから訓練のため爆撃機や戦闘機が飛来し、アプラ軍港にも原子力潜水艦などが寄港することがあるが、米国の前線基地として軍用機や艦船で「賑わった」ベトナム戦争当時の面影はない。空軍基地や軍港を抱えるこの中古〝不沈空母〟が、沖縄からの海兵隊移駐を契機に、新たに整備・拡大されようとしているのだ。

在沖海兵隊のグアム移転に伴い、グアムの北一六〇キロに位置するテニアン島でも軍事訓練基地建設が進むことになる。南北二〇キロ、東西一〇キロのひし形をしたテニアンのほぼ三分の二（六四四〇ヘクタール）は、米国防総省が一九七六年に北マリアナ自治領政府から五〇年期限（延長可）で借りた軍用地である。北端の広大なハゴイ空軍基地を含むその北半分は軍事専用地、テニアン民間航空に近い南半分は民間に一時的に貸し出されて農耕地などとして利用されているリースバック地（ＬＢＡ）で、島の南三分の一だけが非軍事用地だ。

テニアンは長い間、とくに冷戦終結後、ハゴイ空軍基地に爆撃機や戦闘機が飛来してきたり、米軍が射撃訓練や上陸演習に使ったりする以外はほぼ放置されてきた。しかし今回の計画では、沖縄から移転する海兵隊の訓練施設がグアムだけでは足りないため、射撃演習場などの建設が構想されている。

❖米軍計画に明示された普天間航空隊基地のグアム移転

グアムは、先述のとおり一大軍事基地として、二〇世紀の大きな戦争で米軍の重要な出撃・補給拠点として利用されてきた。しかし冷戦終結後は、基地の縮小、訓練機能の縮小が相次ぎ、軍事基地の島というより、観光地としてのイメージが強くなった。米軍人の数も、わずか三〇〇〇人（二〇〇八年三月末現在）に減った。一九五〇年代に核弾頭とミサイルが持ち込まれ、ベトナム戦争時にＢ52を中心とする戦略爆撃機が絶え間なく離着陸していたアンダーセン空軍基地には、現在も爆撃機・戦闘機・偵察機などが訓練のため飛来し、かつては原子力潜水艦や原子力空母などがひんぱんに立ち寄っていたアプラ港は攻撃潜水艦などが補修や演習のために利用してはいるものの、以前とは比べられないほど利用度が減っている。

ところが、今世紀に入って、このグアムが軍事基地として再び注目を浴びるようになった。

きっかけは、二〇〇〇年の選挙で選出されたジョージ・Ｗ・ブッシュ大統領が導入したトランスフォメーション（二一世紀に向けた軍事大変革）計画である。ブッシュ大統領の登場と二〇〇一年九月一一日に同政権と米国・世界を震撼させた同時多発テロ、そしてその直後に作成された「統合世界態勢・基地配置戦略（ＩＧＰＢＳ）」と「四年ごとの国防政策レビュー（ＱＤＲ）」イニシアチブを受けて、二〇〇二年一二月、日米両政府が日本とアジア太平洋における米軍再編の協議を開始。これにより、二〇〇五年一〇月二九日、「日米同盟：未来のための変革と再編（ＡＴＡＲＡ）」合意が生まれ、翌〇六年五月一日、日本の小泉政権と米国のブッシュ政権の間で「再編実施のための日米ロードマップ」が合意された。

この「ロードマップ」からわずか二か月後、米太平洋軍司令部は「グアム統合軍事開発計画」を発表した。そしてこの計画案は、二年後の〇八年四月、国防総省の「グアム統合軍事マスタープラン素案」として承認され、翌〇九年一一月にはマスタープラン（基本計画）を実現するための膨大な文書「環境影響評価案」（要約プラス九冊）が公表されたのである。

こうして、グアムではいま、「ロードマップ」と「グアム統合軍事マスタープラン」を受けて、沖縄から移駐する海兵隊員およそ八千人、その家族九千人を受け入れるため、米国がアンダーセン空軍基地を整備し、空軍基地南西のフィネガヤンに司令部や住宅地域などを整備する事業を進めている。

そこでこの海兵隊であるが、「ロードマップ」では、沖縄からグアムに移駐するのは海兵隊の司令部と支援部隊、および家族とされていた。

ところが、米国防総省のグアム基地建設計画では、海兵隊普天間航空基地（普天間飛行場）の施設や訓練機能を、広大なアンダーセン空軍基地に移設する、また沖縄にある海兵隊の射撃演習場、都市型（対テロ）戦闘訓練場、ジャングル戦訓練場、そして沿岸強襲揚陸訓練場とそっくりの訓練施設を、島中東部の南アンダーセンやバリガダなどに設置する計画が含まれている。さらに、海兵隊がアプラ港沿岸の旧海兵隊飛行場を使用する、同沿岸に海兵隊用ヘリコプター着陸帯を建設する計画なども盛り込まれている。加えて、グアムの北に位置する米国自治領・北マリアナ諸島のテニアンの内陸部、沿岸、空域は、グアムに駐留する海兵隊の演習場となる。

広大なアプラ港に位置する軍港には、既存の原子力潜水艦寄港埠頭に加えて、新たに原子力空母接岸埠頭を建設し、フィネガヤンには陸軍のミサイル防衛部隊も配備する予定だ。

❖「環境影響評価案」が伝えるグアム軍事拠点化の全容

本書では、グアムの歴史、政治的地位、軍事史、経済などを見ながら、米国がなぜグアム基地拡大計画を進めているのか、米側の資料をもとに検証したい。

第Ⅰ章では、グアムとテニアンが果たしてきた軍事的役割の歴史と、現状を概観する。太平洋戦争における激戦地、その後の対日爆撃拠点としての両島が担わされてきた役割、朝鮮戦争やベトナム戦争でグアムが米国の出撃基地として使われた歴史である。ここではまた、グアムとテニアンの米国領としての政治的地位についても説明を加えた。

第Ⅱ章では、在沖米軍基地に関する一九九〇年代から二〇〇六年の在日米軍再編ロードマップに至る経過を追う。小泉政権下の日米軍事同盟強化、沖縄の基地負担軽減という名を借りての海兵隊普天間航空基地の沖縄県内移設や沖縄からグアムへの海兵隊員・家族の移転に関する合意について、その背景や狙いを理解する助けになるだろう。米国から見たグアムの戦略的適性についても、詳しく触れた。

第Ⅲ章では、在沖米軍基地の規模や形態に照らしながら、米海軍施設本部の「環境影響評価案」に基づいて、グアム基地建設計画の概要を紹介する。とくに普天間基地の沖縄県内（名護市辺野古）移設に関して、この文書が、グアム北端の広大で、しかも冷戦終結後はそれほど使用されていなかったアンダーセン空軍基地とその周辺を、司令部機能、居住機能、飛行場機能、航空訓練機能などの観点から推奨している点を検証する。この文書によれば、海に面する北東側と北西側にそれぞれ二本の滑走路を備えるアンダーセン空軍基地は、沖縄から移転する第三海兵遠征隊の飛行部隊が固定翼機やヘリコプターの飛行訓練、離着陸訓練、搭乗・搭載訓練を行う条件（実現可能性）を満たして余りある。

米国は、在沖海兵隊の移設について、オーストラリア、フィリピン、韓国などのアジア・

太平洋諸国に打診したが、いずれも難色を示した。日本政府だけが、普天間航空基地の国内（沖縄県内）を受け入れただけでなく、海兵隊のグアム移転にからむ施設・インフラ整備費の分担（六割強）にも応じた。日本と地域の安全保障を日米両国で担うためである。その意味では、グアムにおける基地建設は〝日米共同計画〟だと言えよう。本書で触れているように、日本の自衛隊機はすでにアンダーセン空軍基地やグアム近海で米軍と合同演習を行っている。米国がなぜグアムに白羽の矢を立てたのかについても説明した。

グアム基地整備・拡張計画の中心は、沖縄から移転する海兵隊の、飛行訓練だけでなく、射撃訓練、強襲揚陸訓練、都市型戦闘訓練などのためのさまざまな訓練施設、隊員と家族のための居住空間を準備しようというものだが、「環境影響評価案」によれば、訓練は北マリアナのテニアンでも行われる。グアムでは旧海兵隊飛行場や弾薬庫地区と接するアプラ港に原子力空母の接岸埠頭や水際作戦を行う強襲揚陸艦の接岸埠頭を整備する、またアンダーセン空軍基地に接し、海兵隊司令部が予定されている地域に陸軍ミサイル防衛任務隊を新設する計画も盛り込まれている。そこで、第Ⅳ章では、これらの計画を要約して、米国のグアム基地強化構想の全容が把握できるようにしたい。

最後の第Ⅴ章では、米軍基地拡張計画に対するグアム住民の声を紹介する。基地拡張計画は、これまで観光収入と基地収入の落ち込みにより悪化したグアム経済を浮揚させると期待する向きもあるが、建設事業は一時的なものであり、しかも民生には考慮が払われていない。長期的には、基地関連の事故や事件、グアムの経済、人口構成、社会、文化、自然環境への悪影響を懸念する声も強い。グアム住民は、米国の市民権をもちながら米国の「未編入領土」すなわち植民地として、人権憲章を含む合衆国憲法の全面的適用を受けない。しかもグアム政府職員も先住民のチャモロ人も多くが基地収入に依存しているため、基地拡張には反対の声を挙げにくい、という現実もある。

なお各章には、「グアムの政治的地位」や「トランスフォメーション」のように、本文で十分説明できなかったことがらについて、「注記」に似たメモを加えた。

本書は、対米同時多発テロ（二〇〇一年）後の米国のアジア・太平洋戦略と安全保障政策、それを支える「日米同盟」を理解する上で貴重な資料になり得ると思う。膨大な、しかも「仮定法」（もし環境影響評価手続きが完了すれば……、もし予算がつけば……）を多用した資料を短期間で読み込み、紹介しようとしたため、十分かつ正確に計画の概要と意図をお伝えできたか、不安がないわけではないが、沖縄の普天間基地移設問題に深く関わる重大な事実を一日でも早く伝えたいという思いにせかされ、何よりも時間を優先させた。

本書「はじめに」の最後（四ページ）に述べたように、防衛省（ホームページ）でも、二〇一〇年一月末現在、海兵隊のグアム移転計画はすでに実施の段階に入っていることを告げている。

統合グアム計画室のジョン・ジャクソン室長も、「われわれの計画に変更はない。今年、（基地建設計画の着手に必要な環境影響評価最終報告がまとまったあと）決定書が署名され次第、米軍は米国政府と日本政府が資金提供するプロジェクトに対する建設請負契約を結ぶ予定である」と述べている（グアムの日刊紙『パシフィック・デイリー・ニューズ』二〇一〇年一月二七日付）。日本国民を置き去りにして、事態は確実に進行しているのである。

I

米国の軍事拠点・グアム

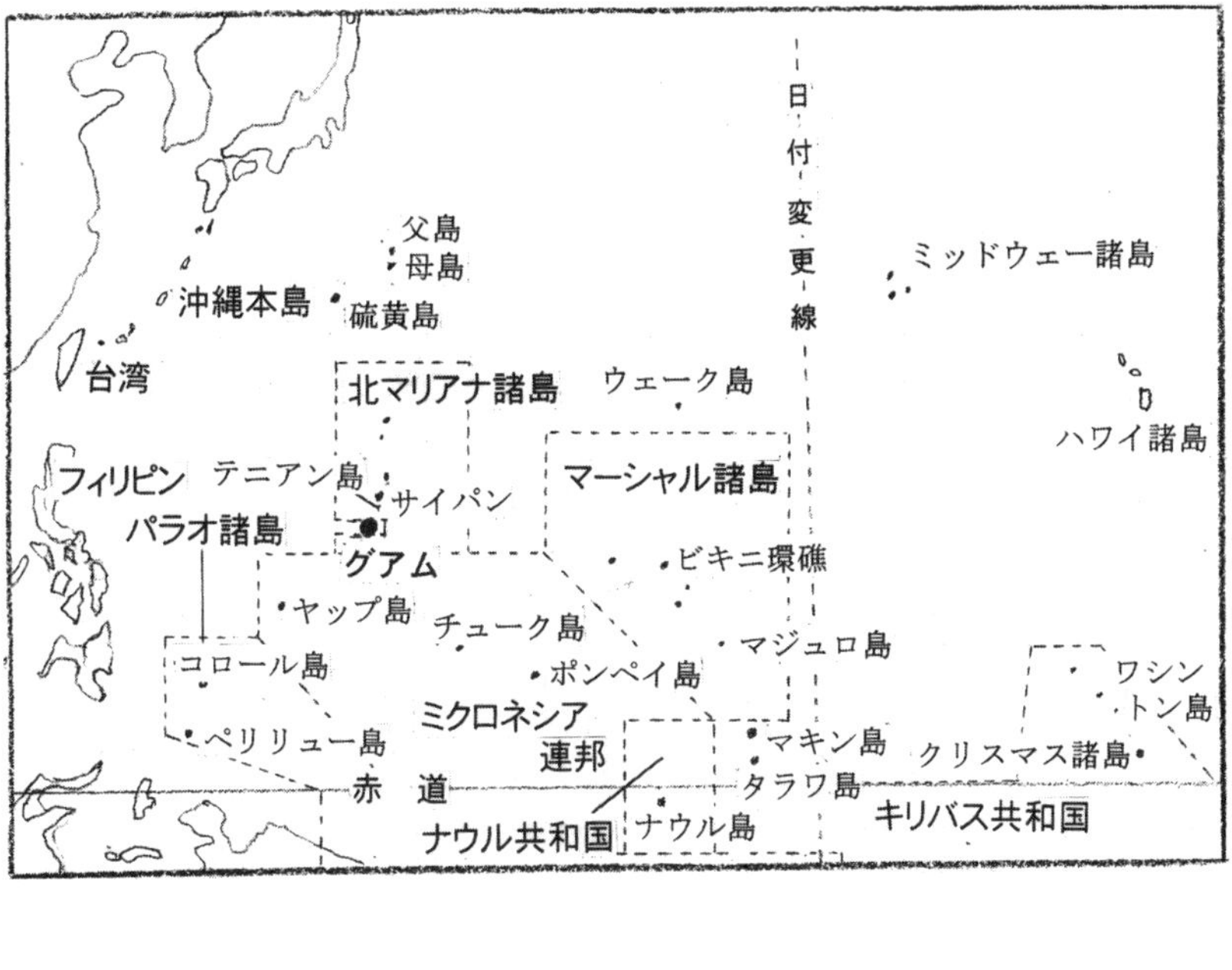

米国の軍事拠点としてのグアムの歴史は古い。

一八九八年のアメリカ・スペイン（米西）戦争でスペインからグアムを奪った米国は、そこを海軍基地（Naval Station）として支配した。基地司令官がガバナーという肩書の軍政長官に任ぜられた。柴田賢一『白人の南洋戦略史』（一九三九年発行）に寄せた大川周明の序文によれば、米国は、グアムの戦略的価値に注目し、「大海軍を収容するに足る根拠地を建造」、太平洋戦争開戦直前の一九三九～四〇年にかけては「五百万ドルの経費を投じ」てグアム島の軍事施設強化を決めた（大野俊『観光コースでないグアム・サイパン』より）。外国の軍艦と商船の寄航は禁止され、島内の旅行にも米国海軍の許可が必要だった、という。

❖日本軍「玉砕の島」

太平洋戦争では、真珠湾攻撃と同じ四一年一二月八日、米海軍が石炭補給と通信連絡の拠点として使用していたグアムを日本軍が空爆、一〇日には中部東岸に上陸して首都ハガニアの知事公邸を占拠、グアム占領を宣言した。太平洋戦争で日本が米国から獲得した唯一の領土である。

グアムを占領した日本軍は、グアムを「大宮島《おおみや》」、首都ハガニアを「明石《あかし》」、タモン湾を「富田湾」、オロテを「表《おもて》」、アサンを「浅間」と改名したほか、スマイ（須磨）に須磨神社を建て、国民学校を開設して日本語や日本の習俗を教えた。住民は「君が代」や軍歌などの日本の歌、「八紘一宇《はっこういちう》」や「大東亜共栄」といった当時の日本の軍国主義思想も教え込まれた。朝鮮出身女性や現地女性による慰安所も作られた（山口誠『グアムの日本人　戦争を埋立てた楽園』）。

米海兵隊が上陸する直前には、日本軍は住民に陣地などの軍事施設建設や米栽培などの強制労働を押し付けた。日本軍に店と住居を奪われた日系人もいた。その背景には、住民が、米国市民権はまだ認められていなかったものの、「アメリカ人」として米国に強い忠誠心を抱いていたからだという。日本軍にとって、グアムは敵地、住民は敵国民だったわけである。日本軍から逃げる米兵を自宅にかくまう住民もいて、ばれると日本軍に処刑された。

四四年六月から八月にかけて、米軍は艦砲射撃、空母艦載機およびB29爆撃機による爆撃を加え、上陸した陸軍と海兵隊が激しく抵抗する日本軍を撃破、グアムを奪還した。四四年七月二一日、米国の第三海兵師団などが上陸して日本軍と激しい戦闘を展開したアサン海岸（首都ハガニアの西三・五キロ）は、太平洋戦争国立歴史公園となっている。

グアム島における戦闘で、日本軍守備隊二万八一〇人のうち一万九一三五人が戦死（多数の自決者を含む）し、生還したのはわずか一三〇五人だったという。そのため、グアムは戦後、「玉砕の島」として知られるようになる。米国を主体とする連合軍の戦死者は一八六二人、グアム島住民の戦没者は一一二三人、同負傷者は一万三二七〇人にのぼった（防衛庁防衛研修所戦史室編『戦史叢書　中部太平洋陸軍作戦　マリアナ玉砕まで』）。

戦後二七年たった一九七二年には、元日本兵・横井庄一氏が、終戦を知らぬままグアム南西岸・タロフォフォのジャングルの洞穴に潜伏していたところを発見された。

❖アンダーセン空軍基地から日本へ出撃

アンダーセン空軍基地のあるグアム北端のジーゴも、日米の激戦地として知られ、基地の南の南太平洋戦没者慰霊公苑には南太平洋における全ての戦没者の霊を祀る高さ一五メートルの慰霊塔が建てられている。近くのジャングル内には、旧日本軍守備隊の最後の司令官・小畑中将が自決した司令部壕跡がある。

グアムにおける日米の戦闘については、前掲の山口誠『グアムと日本人　戦争を埋立てた楽園』と同書の「参考文献」一覧に掲載されている伊藤正『グアム島』、木村雄次『六週間の父、グアムに戦死す』、中村博『サイパン・グアム　光と影の博物誌』、防衛庁防衛研修所戦史室『戦史叢書　中部太平洋陸軍作戦』、同『戦史叢書　中部太平洋方面海軍作戦』、陸戦史研究普及会編『グアム島作戦』、大野俊『観光コースでないグアム・サイパン』と同書の「主な参考文献」を参照していただきたい。

グアムを奪還した米国は、ただちにアンダーセン空軍基地やアプラ海軍基地を整備して、対日攻撃の前線基地に変えた。戦争末期の四五年一月、米太平洋艦隊司令官ニミッツ提督は、司令部を真珠湾からグアム島に移した。太平洋艦隊司令官は、その後、ハルゼー、スプルーアンスに引き継がれる。グアムやテニアンから出撃した空母艦載機やB29爆撃機は、フィリピン、硫黄島、沖縄、そして東京をはじめ日本本土の主要都市を空爆、いたるところを廃墟と化した。

この対日戦では、島の半分近くが戦争目的に使用され、二〇万を超える米軍人がそれに従事した。戦後、およそ二万人いたチャモロ人は、日本名をもっていたこともあって収容所に入れられた。

❖米国の「未編入領土」となる

一九四四年、米国領に復帰したグアムは、米海軍の軍政下におかれた。

しかし、戦後の一九四九年、グアムの政治的地位を変える事件が起こる。米海軍の軍属（シビリアン）が、アメリカ市民にグアムでの事業を禁じた地元の法律を犯したとしてグアム議会に召還されたものの、ゴールドスタイン海軍軍政長官（総督）の支持を得て出頭を拒否した。そのため、グアム議会は男を侮辱罪の科《とが》で逮捕状を発行。しかし軍政長官が介入して、警察による逮捕状執行は中止された。それに対し、議会は一斉に欠席して抗議。軍政長官は議員たちに議場復帰を命じたものの、議員たちの拒否に遭ったため、長官は彼らに辞職命令を出す事態に立ち至った。

この暴挙に対し、当時、議員たちは、選挙で選ばれるのではなく、米海軍軍政長官により任命されていたため、軍政長官の命令に従わざるを得なかったのである。何やら、軍政下時代の沖縄を想起させる出来事であった。

しかし、事件は国際的な関心を呼び、グアム住民の自治や住民への米国市民権授与の声が高まった。国際的な反響に驚いた軍政長官は、議員たちを職務に復帰させたが、グアム住民の不満は収まらなかった。

こうした政治情勢を鎮《しず》めるため、トルーマン大統領は同年、大統領行政命令一〇〇七七によりグアムの管轄を五〇年七月一日付で海軍長官から国土省長官（国土省 Department of the Interior は、国土管理、国土地理調査、国立公園などを担当する省。諸外国で国土安全保障を担当するいわゆる内務省ではない）に移した。軍政から民政への移行である。国土省の対外渉外担当者が、グアムの初代知事として、国土省によって選ばれ、海軍の指名を受けたのち、トルーマン大統領によって任命された。

こうした流れを受けて、一九五〇年に米国議会が定めたのが「組織法(憲法)」である。これにより、グアムは、米国土省管轄下の「アメリカ合衆国未編入領土」として統治されることになる（四五ページ「メモ」参照）。

❖グアムが体験した朝鮮戦争と原水爆実験

戦後、アンダーセン基地は戦争余剰物資の集積・処理場およびB29爆撃訓練場として使われた。しかし、グアムにとって戦争が終わったわけではなかった。

一九五〇年六月に朝鮮戦争が始まると、ここから第一九爆撃群のB29が出撃して北朝鮮軍に爆撃を加えた。数日後、第一九爆撃群は、第一九爆撃団（航空団〈Wing〉は複数の群〈Group〉または飛行隊〈Squadron〉で構成される）から切り離されて、沖縄の嘉手納空軍基地に移され、同基地は朝鮮戦争中、北側への空爆の拠点となった。アンダーセン空軍基地には、米戦略空軍司令部（ＳＡＣ）がおかれ、第一九爆撃航空団の管理・兵站基地として使われた。（五三年六月、第一九爆撃群は正式に嘉手納空軍基地に移管された。）

アプラ湾軍港からは第七艦隊の空母が朝鮮半島沿岸に向かった。そして艦載機が北朝鮮に射爆撃を加えるほか、海兵隊が強襲揚陸艇で韓国仁川《インチョン》に上陸して激しい攻撃を仕掛けた。マッカーサー元帥が立案し、米第一海兵師団が主導して行った、五〇年九月一五日のいわゆる仁川上陸作戦である。この戦闘により、劣勢にあった連合軍（国連軍）は朝鮮半島の海域と空域を制圧し、戦況を一転させることになる。

なお、グアム住民は、米国が一九四六年から六二年までマーシャル諸島のビキニ環礁とエニウェトク環礁で六七回にわたり行った原水爆実験の被害を受けた。放射性物質はジェット気流に乗って広い範囲に飛び散り、多数の被曝者を生んだ。二千キロ西のグアムでも、放射能によるものと思われる甲状腺異常、白血病、異常児出産などが相次ぎ、太平洋被曝生存者の会が結成された。二〇〇二年には米国学術研究会議がグアムの被曝を認め、被害者を補償対象に含めるよう勧告する報告書を発表している。二〇〇七年八月に、被害地域にグアムを含める被曝補償法改正案が下院司法委員会に提出されたが、二〇一〇年一月現在、審議は進んでいない。

❖増減する人口の中の先住民・チャモロ人

一九四〇年（日米開戦の前年）の人口は軍人と家族（計一四二七人）を含め二万二九〇〇人に過ぎなかったのに、戦後の基地建設ブームにより、五〇年には一挙に五万九五〇〇人（軍人・家族二万六六〇〇人）に増え、経済も基地を中心に活性化した。ちなみに、これまで家族を含む軍人人口が二万人を超えたのは一九九三年までで、その後は一万五千人を割る状態が続いている。

グアムは一九五四年に島を襲った台風アリス、六〇年代の台風カレンにより多くの住民が家を失い、電気や水道が破壊されるなどの甚大な被害を受けただけでなく、軍事機密を守るため、長い間、外部からの入島が制限されていたために、経済は疲弊した。しかし、一九六三年に入島制限が解除され、六七年にパン・アメリカン航空が日本からの航路を開設すると、日本から慰霊や観光で人々が押し寄せるようになり、グアムは観光の島に生まれ変わり、活気を取り戻した。

基地建設ブームは人口構成にも大きな変化をもたらした。一九二〇年に全人口の九二％を占めていた先住民・チャモロ人は、一九五〇年には過半数を割り、その後も下降線をたどっている。フィリピンや他の周辺の島々、さらに中国や台湾などからの移住者が増えたためだ（一時は北米本土出身の白人が四〇％近くに及んだものの、基地の縮小に伴い、現在では一〇％を切っている）。

現在、全人口のほぼ四割はアンダーセン空軍基地に近い島北部に住む。二〇〇〇年の統計によると、グアム最大の村・デデドの人口約四万三千人のうち、最も多いのはフィリピン系（四五％）で、チャモロ人またはチャモロ系は三〇％、人口二万人弱のジーゴでもフィリピン系三一％に対してチャモロ二七％、コーケイジアン（白人）一五％といった割合だ。米軍人と家族、軍関係労働者、そして軍人・家族を目当てにしたサービス業者などが多く住んでいるためだ。政府公務員や基地労働者にはチャモロ人、観光業、建築業、縫製業には外来労働者が多いという。

グアム国際空港に近く、観光客が集中する島中部にはタムニング、マンギラオなどを中心に全人口の四一％が住む。シンジャナ（人口二八〇〇人）でのチャモロ人の割合は七三％、アサン（同二一〇〇人）では七一％、バリガダ（同八七〇〇人）では五六％と高いが、中部最大の村タムニング（同一万八〇〇〇人）ではわずか一八％、二位のマンギラオ（同一万三〇〇〇人）でも四七％と過半数に達しない。対照的に、総人口の一九％を占める島南部に点在するヨナ、アガット、ウマタック、メリッツォ、イナラジャンといった小村ではチャモロ人の比率が高い。

❖ベトナム戦争でも再び出撃基地に

前述のように、グアムは長い間、軍事機密を守るため、外部からの入島が制限されていたが、それが一九六三年に解除され、それを契機に観光の島へ生まれ変わった。

しかしアンダーセン空軍基地とアプラ軍港がおかれたグアムは、六〇年代後半から七〇年代にかけてのベトナム戦争でも重要な役割を果たす。

一九六四年六月、アンダーセン空軍基地に戦闘作戦を支援するための空中給油機ＫＣ135が配備され、年が明けるとＢ52重爆撃機が相次いで飛来した。そして六五年六月一日、アンダーセン空軍基地を飛び立った三〇機のＢ52が、北ベトナム爆撃（北爆）を開始した。空爆はその後八年も続く。同基地では一九七二年初めに一五〇機を超えるＢ52爆撃機が集結し、ウタパオ（タイ）飛行場駐留の戦略爆撃機とともに、北ベトナムに猛烈な攻撃を加えた。アンダーセン空軍基地から出撃する重爆撃機の北ベトナム爆撃は次第にエスカレートし、五月から一〇月にかけては戦略戦闘機に代わったB52爆撃機を中心とする「オペレーション・ラインバッカーⅠ」、一二月には「オペレーション・ラインバッカーⅡ（別名「クリスマス爆撃」）が展開された。アプラ港を基地とする第七艦隊からは、南シナ海のベトナム沿岸に接近した空母の艦載機が空から攻撃するほか、小型砲艦がメコン川を遡上して村々を襲撃した。

一九七五年四月に北ベトナム軍がサイゴンに入城してベトナム戦争が終わった後、アンダーセン空軍基地の部隊の一部はルイジアナ州のバークスデール空軍基地へ移転した。基地は、一九七六年五月と二〇〇二年一二月に台風の直撃を受けて甚大な被害を受けたものの、まもなく再建され、一九九一年の湾岸戦争では超低空進入爆撃機B1やステルス爆撃機B2などアメリカ空軍の最新鋭爆撃機がイラク攻撃の前線出撃基地として利用した。

✣地球の半分を受け持つ米太平洋軍

グアムに駐留する米軍は、かつて太平洋戦争に参加したすべての米軍を統括する組織としてトルーマン大統領が一九四七年に創設した米太平洋軍（USPACOM）の傘下にある。

現在は、太平洋だけでなく、インド洋、東南アジア、北極海、アフリカ大陸東岸、中国、北朝鮮、モンゴリア、マダガスカルまで含む、地球のほぼ半分を管轄範囲とする米軍最大の統合地域戦闘軍だ。太平洋陸軍、太平洋海兵隊、太平洋艦隊、太平洋空軍で構成する。米国と相互安全保障条約を締結しているフィリピン、韓国、日本、また多国間安全保障条約を結んでいるオーストラリアおよびニュージーランド、かつて結んでいた東南アジア条約機構（SEATO）加盟国のほか、台湾も「管轄地域（AOR）」に入っている。

太平洋艦隊の指揮下にある第七艦隊は横須賀に司令部をおき、横須賀、佐世保、グアムのアプラ港を前方展開基地にしている。現在、横須賀を母港にしているのは原子力空母「ジョージ・ワシントン」や旗艦の巡洋艦「ブルー・リッジ」など一一隻、佐世保は強襲揚陸艦の「エセックス」、輸送揚陸艦「デンバー」など八隻、アプラは潜水艦母艦「フランク・ケーブル」、原子力潜水艦「ヒューストン」など四隻。東京の横田基地には太平洋空軍の第五空軍司令部、沖縄のキャンプ・コートニーには太平洋海兵隊の第三海兵遠征軍（空・陸・兵站部隊）司令部、ハワイと沖縄の嘉手納空軍基地には太平洋陸軍の第九四ミサイル防衛司令部、神奈川県のキャンプ座間には在日米陸軍・第九戦域コマンドがおかれている。

グアムは、米太平洋空軍（司令部はホノルルのヒッカム空軍基地）にとって、インド洋に浮かぶ英国領ディエゴ・ガルシアとともに、太平洋東岸からインド洋に至る地域での有事に対応するための二大長距離爆撃機基地のひとつとして位置づけられた。これらの地域に近いだけでなく、海に囲まれているため国境線を横切らなくてもよいし、米国領であるため、出撃許可も不要だという利点をもつ。

❖冷戦終結でグアム基地は縮小

以上のような太平洋軍の戦略配置は冷戦期を通じてつくられてきたが、一九八九年末に東西冷戦が終結し、東アジアでも緊張が緩和すると、米国は不要な国内基地を整理するという基地整理閉鎖（Base Realignment and Closure=BRAC）計画を進めるようになる。グアムも例外ではなかった。

九〇年代にグアムで何が起きたか。現地で米軍司令部などを訪問した大野俊氏の『観光コースでないグアム・サイパン』（二〇〇一年）によれば、一九九一年のピナツボ火山の大噴火で使用不能になったフィリピンのクラーク空軍基地から軍人・軍属一二五〇人とその家族一三〇〇余人がグアムに移転、その後同じく閉鎖されたフィリピンのスービック海軍基地からの移転が続いた。クラーク基地からは第一三航空司令部がアンダーセン空軍基地に移駐したが、アンダーセン基地に配備されたのは司令部要員の六五人だけで、常駐する空軍機は一機もなく、今や「外から飛来する航空機の休憩・燃料補給地点でしかない」という状態になった。「アジア太平洋における米空軍の主力はもはやグアムにはなく、沖縄を中心とする日本、韓国、ハワイにある」と大野氏は指摘している。

大野氏によれば――「一九九四年に入ってグアム島の駐留米軍は、航空部隊を中心に大幅に削減され始めた。主力の海軍は九五年までに約三分の一が米本土などに移転。地元住民が返還を要求していた基地の「余剰地」も一部がグアム地方政府に返還された。在比米軍の全面撤退に続く米国の戦略変更で、アジア配備の米軍は、日本と韓国により重心が移ることになった。（中略）在比スービック海軍の閉鎖で、九二年に同基地から移転してきた海軍艦隊後方支援飛行大隊（ＶＲＣ50）は九四年九月に解隊し、約五百人の兵士は米国本土に引き揚げたということだった。」

こうした基地縮小の結果、グアム政府は米軍基地の八割に相当する一四〇平方キロを「余剰地」と見なしてグアム国際空港に隣接する海軍航空基地のアンダーセン航空基地への移転を求め、九四年九月に米上院の承認を得た。先住民のチャモロ人は民族団体「チャモロ・ネーション」を結成して、アンダーセン基地の道路沿いなどに団結小屋を建てて先祖伝来の土地の奪回運動を展開した。

その後も、グアムに駐留する空軍と海軍の整理・縮小は続いた。太平洋空軍（PACAF）は九つの航空団で構成されているが、現在、そのうち三つが日本（第五空軍の嘉手納飛行場所属の第一八航空団、三沢基地の第三五戦闘航空団、横田基地の第三七四空輸航空団）に配備されているのに対して、グアムには第一三空軍の第三六航空団が配備されているだけだ。二〇一〇年一月現在、常駐機はない。海軍の整理縮小は今世紀に入っても続き、現在はグアムに寄航する第五艦隊や第七艦隊への補給が主な役割だ。二〇〇八年三月末にグアム駐留していたのは空軍一八〇〇人、海軍一一〇〇人。

❖原爆機が飛び立った島テニアン

本書で取り上げるもうひとつの島、テニアン（自治領・北マリアナ諸島の一部）の戦争の歴史にも少し触れておこう。テニアンは、長いスペイン植民地の時代を経て、米西戦争のあと他の北マリアナ諸島とともにスペインからドイツに売り渡された。第一次世界大戦で連合国側の一員として参戦し、赤道以北の「南洋諸島」（ミクロネシア）からドイツを駆逐した日本は、一九二〇年に国際連盟の決定によりテニアンを含むこれらの島々を委任統治領、つまり実質的な植民地とした。

太平洋戦争で、日本はテニアンに守備隊八五〇〇人を駐屯させるほか、島の北端に北飛行場を建設した。しかし日本軍は、四四年七月二四日に上陸した米軍との激戦に敗れ、ほぼ全滅した。日本からの開拓移民が大半を占める民間人の死者も三千数百人にのぼった。テニアン各地には、日本海軍司令部跡、日本海軍通信所跡などが残っているほか、米軍上陸記念碑、テニアン島戦没者慰霊碑、沖縄平和記念碑、平和祈願韓国人慰霊碑などが建てられている。

八月二日に島を占領した米軍は北飛行場をハゴイ空軍基地として整備・拡張し、対日爆撃の拠点に使った。四五年八月二日には、グアム島の米第二〇航空軍司令部から、テニアン島の第五〇九混成部隊に極秘命令が下された。広島市を第一目標、小倉市を第二目標、長崎市を第三目標として原爆を投下せよという命令であった。そして、八月六日、B29「エノラ・ゲイ」が核爆弾リトル・ボーイを搭載してハゴイを離陸、その日のうちに広島に原爆を投下、三日後の八月九日には、やはりテニアンを発ったB29「ボックス・カー」が長崎に原爆を投下した。原爆を積み込んだ滑走路のはずれに、「原爆搭載ピット（地点）」という碑が二つ建てられている。

終戦後の一九四七年、テニアンを含む北マリアナ諸島は米国を受任国とする国連統治領となった。その後、一九七五年五月に、北マリアナ諸島全域で信託統治終了後の政治的地位を決める住民投票が行われ、米国と政治的統合（political union）関係をもつ自治領（コモンウェルス）を選んだ。

一九八三年に北マリアナ諸島自治領政府と結ばれた五〇年賃貸契約により、テニアンの三分の二（六五〇〇ヘクタール）は米国防総省が管理する軍用地（MLA）となった。現在、軍用地の北半分は軍事専用地（EMUA）、南半分は自治領政府の借り戻し（リースバック）地域（LBA）である。ハゴイ空軍基地や原爆搭載記念碑のあるEMUAは、海軍と海兵隊が陸上軍事訓練や沿岸上陸訓練、固定翼機やヘリコプターの離着陸訓練、都市型戦闘訓練に使用しているが、訓練が行われないときは、一般住民のレクリエーション用に開放されている。軍用地の大半は、基地施設がないまま放置されている。太平洋戦争の残骸と空軍基地の中まで草や木々におおわれた、巨大な遊休地だ。

✣グアムの経済——観光と基地

これといった産業のないグアムの経済を支えるのは、観光と軍事基地だ。

冷戦時代末期の基地建設と、一九九一年のピナツボ火山噴火による基地閉鎖を受けたフィリピンからグアムへの部隊移転は、一時的にグアムに経済効果をもたらしたものの、一九八九年に冷戦が終わると、グアムでも基地の整理・縮小、部隊の転出が相次いだ。軍人人口は九三年の二万二千人から九四年には一万六千人弱に減り、二〇〇〇年には一万二千人を割った。九七年八月に大韓航空機がグアム国際空港手前のニミッツ・ヒルに墜落し、乗員乗客二五四名のうち二二八名が死亡した事故と同年にアジア各国を襲った財政危機、その後の台風ポンソナの襲来やインフルエンザ流行が、日本と韓国を中心とする観光客の大幅減少につながり、経済は下降の一途をたどった。

年間の直接観光収入はおよそ一二億ドル、軍事支出・給与・調達費・助成金を含めた米国政府の支出はおよそ一三億ドル。それに、建設業、転送業、コンクリート製品業が続く。職業別の労働力はサービス（政府、ホテル、飲食店など）が64％、農業（主な産物は果実、野菜、ココヤシの実から作るコプラ、豚肉、鶏肉、牛肉）26％、生産業10％。石油・石油製品、食糧、製造品を輸入し、石油精製品（積み替え中継）、建設資材、魚、飲料水などを輸出しているが、輸入が輸出を一六～一七倍も上回る大幅な貿易赤字だ。それを補填するはずの基地収入と観光収入が近年落ち込んだ結果、歳出は歳入を大幅に上回り、財政危機が続いている。観光ホテルの倒産が相次ぎ、犯罪も増えている。

一人あたりGDPは、米国の平均四万五八〇〇ドル（二〇〇七年）のおよそ半分、二万三三五〇ドル。失業率も一一％強（二〇〇二年推定）と、きわめて高い。

「楽園」というイメージとは裏腹に、多くの住民の暮らしは楽ではない。「住民は日常的に停電と断水に悩まされるような貧しいインフラのなかで生活している。観光客が集まるタモン湾（周辺）だけは、水も電力も優先的に供給されているため、こうしたグアムの実情はあまり知られていない」という（『地球の歩き方　グアム』）。

メモ

射爆撃演習場ファラリョン・デ・メディニラ島

グアムの北二四〇キロ、サイパンの七〇キロ北に位置する珊瑚礁の無人島ファラリョン・デ・メディニラ島（面積〇・八四平方キロ）は、米国が北マリアナ諸島から借りて、米太平洋艦隊の実弾射爆撃演習場として使用している。日本の航空自衛隊が米国空軍と共同実弾射爆撃訓練を行う場所としても知られる。

『ニューヨーク・タイムズ』は〇七年七月二三日付けアンダーセン基地発の記事で、米空軍と日本の航空自衛隊が六月にグアムで年次演習を行い、航空自衛隊のＦ２戦闘機がファラリョン・デ・メディニラ島に「五百ポンド爆弾（実弾）の投下訓練を行った」と伝えた。またインターネット・サイトGlobal Securityは、日本の築城《ついき》空軍基地所属のＦ２戦闘機、厚木基地の艦隊戦術飛行隊（VAQ-136 Carrier Air Wing Five）に所属する海軍電子戦機ＥＡ６Ｂ、アラスカのイールソン空軍基地所属のＦ16戦闘機などがグアムで共同演習を行っている写真を掲載している。アンダーセン空軍基地は、こうした演習の離発着や補給基地として利用されることが多いようだ。

メモ

グアムの政治的地位

すでに本文で述べたとおり、グアムは、米国議会が定めた「組織法（Organic Act）」により、米国土省管轄下の「アメリカ合衆国未編入領土」として統治されることになった。米国の領土ではあるが、米国には編入されていない（米国の一部ではない）という、不可思議な地位である。「組織法」というのは、米国議会がこの法律によってグアムの統治体制（共和政府）を組織したからである。この「組織法」は、グアムの憲法に相当するため、「基本法」と訳されることもある。

この基本法により、米本土で帰化するか米軍軍役を果たした者以外は無国籍だったグアム住民に、初めて米国市民権が与えられたが、「未編入」のため米国憲法は全面的には適用されなかった。

元首はアメリカ合衆国大統領であるが、住民はアメリカ合衆国連邦税の納税義務を負わない代わり、大統領選挙の投票権をもたない。連邦下院に代表一人を送ることは認められているが、正規の議員ではないため、代表に議決権はない。グアムは米国議会が制定した法律で統治されていながら、住民の声は米国議会で反映できないわけである。米国大統領が任命していた知事は、一九六八年に米議会が定めた法律により、七一年以降、選挙で選ばれるようになったものの、大統領には知事を罷免する権利がある。

外交権や防衛権はないものの幅広い内政自治権、関税権、課税権、出入国管理権などを有するプエルトリコや北マリアナ諸島と比べて、グアムは内政自治権が小さいため、国際連合の非自治地域リストに載ったままだ。グアムは、国連では、世界に残っている一六の非自治領（NSGT）、すなわち植民地と位置づけられているのである。「自治属領」あるいは「準州」と訳されることが多いが、米国土省の認可のもと国防総省が管理する属領または軍事植民地と呼ぶべきだろう。住民は、いわば米国の「二級市民」である。

これまで、グアムをプエルトリコや北マリアナのような「準州」に近い自治領（コモンウェルス）にしたいという運動もあったが、米国の反対にあって頓挫した。米国からの独立、州への昇格、自治領北マリアナとの合併、ハワイ州への統合を探る動きもあるようだ。しかし、経済的自立は難しく、また米国政府の理解も得られないため、現状の政治的地位で妥協せざるを得ないという状況にある。

メモ

自治領北マリアナ諸島

グアムの北に点在するロタ、テニアン、サイパン、アグリハンなどの島々は、グアムとは別に、「自治領・北マリアナ諸島」を形成する。北マリアナ諸島は、第一次大戦によってドイツ領から日本の国際連盟委任統治領へ、第二次大戦後は米国の国際連合信託統治領へ、そして一九七五年の住民投票の結果を受けて、米国と政治的連合関係にある自治領（正式名称はCommonwealth of the Northern Mariana Islands=CNMI）へと変わった。一九七八年に制定された憲法により、米国大統領を国家元首、公選知事を政府の長とする三権分立制の自治領政府がスタートした。住民は一九八六年にアメリカ市民権を与えられたが、米国の大統領選挙、連邦議員選挙での投票権はない。しかし属領グアムと異なり、関税、給与、出入国、課税に関する自治権は有している。

日本の砂糖植民地から太平洋戦争で日本兵四万一〇〇〇人、民間人移住者およそ一万人が戦没し、在留邦人が身投げした「バンザイ・クリップ（崖）」でも知られる首都・サイパンには、知事をトップとする三権分立制の自治領政府がある。一七の島の総面積四六四平方キロに、アジア系と太平洋島嶼系を中心におよそ九万人が住む。

経済の柱は、米連邦政府の補助金（軍用地代）と観光収入のほか、関税が免除され、量制限もない対米輸出向けの繊維製品。かつては日本や韓国などから戦没者慰霊のため訪問する遺族、「原爆搭載ピット」（記念碑）を含む戦跡や先住民の石柱遺跡に惹《ひ》かれてくる観光客、さらには台湾や日本などからカジノをやるためにやってくる人々が多かったが、近年は来訪者数が落ち、観光収入は減少傾向にある。

なお軍事施設は、サイパンに陸軍予備役センターが、テニアンの南ロタには海軍補給戦略前線展開基地補修場が設置され、グアムの北東二五〇キロの海上に浮かぶファラリョン・デ・メディニラ島は先述のように射爆撃演習場となっている。

Ⅱ

「ＳＡＣＯ」合意から「米軍再編ロードマップ」合意へ

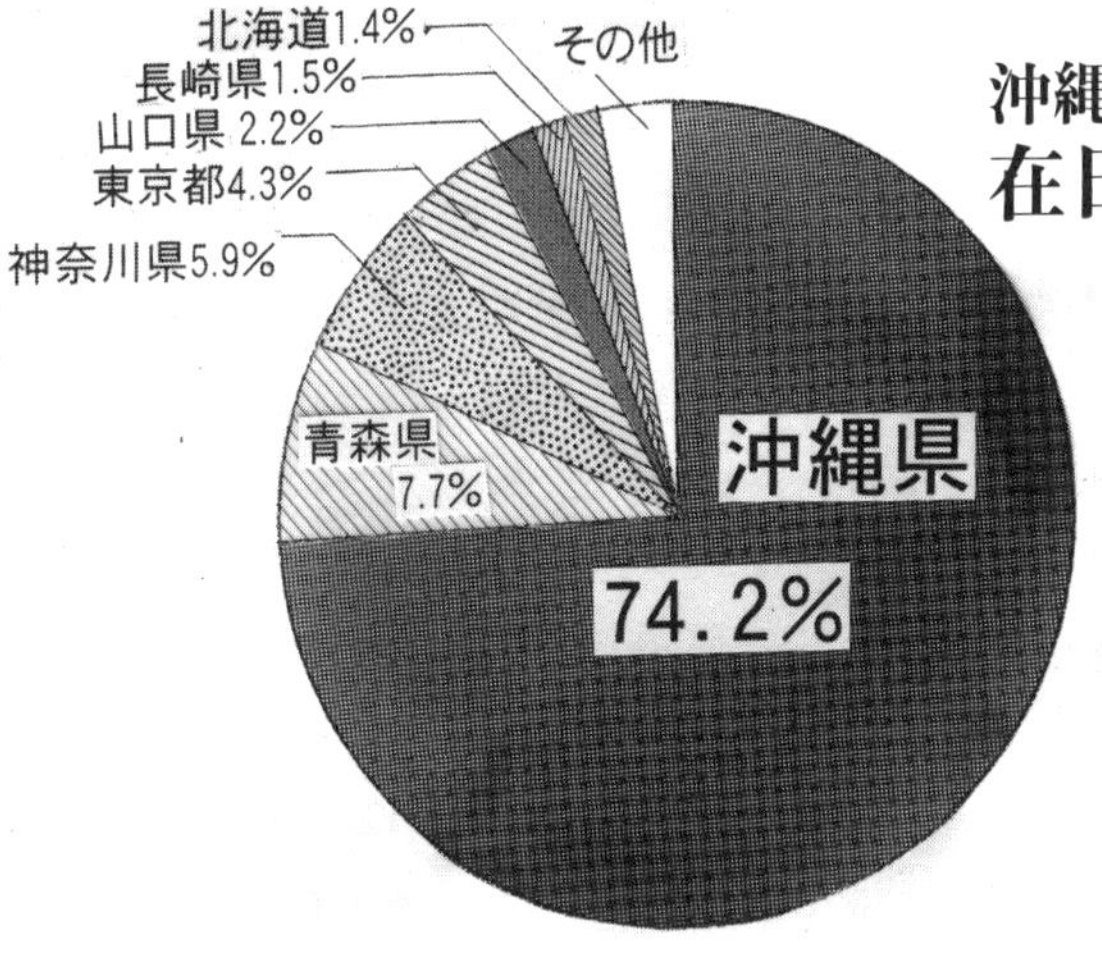

沖縄に集中する
在日米軍専用基

二〇〇六年五月一日に、前年の「日米同盟：未来のための変革と再編」にもとづき、日本の小泉政権と米国のブッシュ政権の間で交わされた「在日米軍再編実施のための日米ロードマップ」合意により、沖縄に駐留する「第三海兵機動展開部隊の指揮部隊、第三海兵師団司令部、第三海兵後方群（戦務支援群から改称）司令部、第一海兵航空団司令部及び第一二海兵連隊司令部」などに属する「海兵隊要員約八〇〇〇人と家族九〇〇〇人」は、二〇一四年までにグアムに移転することになった。その年をメドに普天間基地の代替施設が沖縄県内に建設されることが、前提条件である。

この海兵隊移転の後、米軍は嘉手納飛行場（空軍基地）以南の施設（キャンプ桑江《くわえ》、キャンプ瑞慶覧《ずけらん》、牧港《まきみなと》補給基地、那覇港湾施設など）を統合・閉鎖・返還するという。

グアムに移転するのは、英語の合意文書では、"III Marine Expeditionary Force" すなわち「第三海兵遠征軍」だが、日本語ではなぜか「第三海兵機動展開部隊」となっている。しかも、合意文書そのものが、日本語は「仮訳」だ。日米間では、他の独立国間同士では見られない、こうした「主従関係」を示唆する外交文書が多数存在する。

海兵遠征軍は太平洋軍司令部下の太平洋海兵隊司令部に属する三つの海兵遠征軍（司令部はそれぞれカリフォルニア州キャンプ・ペンドルトン、ノースカロライナ州キャンプ・レジューン、沖縄のキャンプ・コートニー）の一つで、第三海兵遠征軍司令部群、第三海兵師団、第一海兵航空団、第三海兵兵站群、第三海兵遠征旅団、第三一海兵遠征大隊などで構成する緊急展開海兵陸空任務部隊（ＭＡＧＴＦ）である。

❖SACO(沖縄に関する特別行動委員会)合意(一九九六年)

在沖海兵隊のグアム移転やグアムにおける基地強化計画に話を進める前に、在沖米軍基地の整理縮小をめぐる日米の近年の動きを追っておこう。

日米両政府は、米兵三人による少女暴行事件が起きて沖縄で基地反対運動が劇的に高まった一九九五年の翌九六年一二月、「沖縄に関する特別行動委員会（ＳＡＣＯ）」の最終報告書で、「在日米軍の能力及び即応態勢を十分に維持」しつつ、「沖縄県における米軍の施設及び区域の総面積（共同使用の施設及び区域を除く）の約二一パーセント（約五〇〇二ヘクタール）が返還される」ことに合意していた。

これにより、沖縄本島北部にある北部訓練場の過半・およそ四〇〇〇ヘクタール、ギンバル沿岸訓練場六〇ヘクタール、読谷《よみたん》補助飛行場一九一ヘクタール、キャンプ桑江の大部分九九ヘクタールが返還されることになった。北部訓練場の返還は、返還後に残る訓練場

沖縄の米軍基地

奥間レスト・センター
伊江島補助飛行場
北部訓練場
慶佐次通信施設
キャンプ・シュワブ
キャンプ・ハンセン
辺野古弾薬庫
ギンバル訓練場
金武ブルー・ビーチ訓練場
嘉手納
弾薬庫地区
天願桟橋
キャンプ・コートニー
トリイ通信施設
陸軍貯油施設
キャンプ・マクトリアス
嘉手納空軍基地
キャンプ・シールズ
キャンプ桑江
浮原島訓練場
キャンプ瑞慶覧
泡瀬通信施設
ホワイトビーチ地区
牧港補給地区
普天間飛行場
津堅島訓練場
那覇軍港

から東岸への通路を確保するため、日本は平成九（一九九七）年度末までに土地三八ヘクタールと水域一二一ヘクタールを提供し、返還地域にあるヘリコプター着陸帯（ヘリパッド）を残存地域に移設するという条件、ギンバル沿岸訓練場の返還は、事前にヘリコプター着陸帯を金武《きん》ブルー・ビーチに移設するという条件、読谷補助飛行場の返還は、事前にパラシュート降下訓練を県内の伊江島補助飛行場に移転し、楚辺《そべ》通信所（象のオリ）は撤去するが新たな通信施設をキャンプ・ハンセン内に建設するという条件、キャンプ桑江の返還は、事前に海軍病院をキャンプ瑞慶覧《ずけらん》に、キャンプ内の残りの施設を沖縄県内の米軍基地に移設する、という条件がついていた。

一九七二年の沖縄の本土復帰によりすでに返還が決まっていた、那覇港に隣接し、那覇空港にも近い那覇港湾施設（軍港）は、浦添《うらそえ》埠頭地区に移設するという条件で返還されることになった。ＳＡＣＯ合意の多くは実現したが、普天間飛行場はじめキャンプ瑞慶覧などはまだ返還されていない。しかもＳＡＣＯ合意がすべて実施されても、北部訓練場、キャンプ・ハンセン、キャンプ・シュワブ、嘉手納弾薬庫地区、キャンプ瑞慶覧などの大半、嘉手納空軍基地のすべてはそのまま残り、在日米軍専用施設（面積）に占める沖縄の割合は現在の七五％からおよそ七〇％に下がるだけだ。過重負担状況にさほど変化はない。

沖縄本島中部の市街地に囲まれ、くり返し危険性が指摘されてきた海兵隊普天間飛行場（航空基地、四八一ヘクタール）は、五～七年以内に返還され、沖縄本島東海岸の辺野古《へのこ》沖に建設される海上施設に移転するとされた。「嘉手納飛行場への集約」や「キャンプ・シュワブ内建設」という案も検討されたが、海上基地案の方が、「米軍の運用能力を維持するとともに、沖縄県民の安全及び生活の質にも配意するとの観点」、および「軍事施設として使用する間は固定施設として機能し得る一方、その必要性が失われたときには撤去可能」という点から、「最善の選択」として採用されたのである。

❖「日米同盟」強化に向かった「未来のための再編と変革」（二〇〇五年）

次の大きな転機は、米国でブッシュ政権、日本で小泉政権が誕生し、米国が「対テロ戦争」を始めた後に日米安全保障協議委員会（町村外務大臣、大野防衛庁長官と、ライス国務長官、ラムズフェルド国防長官で構成。いわゆる2＋2）が承認し、日米両政府が調印した二〇〇五年一〇月二九日の「日米同盟：未来のための変革と再編合意（ATARA）」である（「変革」は「トランスフォメーション」、「再編」は「リアライアンス」の訳）。

この合意文書（これまた日本語は「仮訳」）は、「日米安全保障体制を中核とする日米同盟は、日本の安全とアジア太平洋地域の平和と安定のために不可欠な基礎である。同盟に基づいた緊密かつ協力的な関係は、世界における課題に効果的に対処する上で重要な役割を果たしており、安全保障環境の変化に応じて発展しなければならない」という文言で始まることが示すように、日米・アジア太平洋・世界における脅威に対する両国の同盟強化(安全保障協力)をうたったものであった。文書は述べる——。

「二国間の防衛協力は、日本の安全と地域の平和と安定にとって引き続き死活的に重要である」

「日本は、弾道ミサイル攻撃やゲリラ、特殊部隊による攻撃、島嶼《とうしょ》部への侵略といった、新たな脅威や多様な事態への対処を含めて、自らを防衛し、周辺事態に対応する。これらの目的のために、日本の防衛態勢は、二〇〇四年の防衛計画の大綱に従って強化される」

「米国は、日本の防衛のため、及び、周辺事態を抑止し、これに対応するため、前方展開兵力を維持し、必要に応じて兵力を増強する。米国は、日本の防衛のために必要なあらゆる支援を提供する」ことになった。

「周辺事態が日本に対する武力攻撃に波及する可能性のある場合、又は、両者が同時に生起する場合に適切に対応し得るよう、日本の防衛及び周辺事態への対応に際しての日米の活動は整合を図るものとする」

「日本は、米軍のための施設・区域を含めた接受国支援を引き続き提供する。また、日本は、日本の有事法制に基づく支援を含め、米軍の活動に対して、事態の進展に応じて切れ目のない支援を提供するための適切な措置をとる。双方は、在日米軍のプレゼンス及び活動に対する安定的な支持を確保するために地元と協力する」

「米国の打撃力及び米国によって提供される核抑止力は、日本の防衛を確保する上で、引き続き日本の防衛力を補完する不可欠のものであり、地域の平和と安全に寄与する」

そして普天間航空基地については、「沖縄住民が早期返還を強く要望し」、「沖縄県外への移設」を望んでいることを「念頭に置き」としながら、「続ける抑止力維持」の観点から「普天間飛行場代替施設は、普天間飛行場に現在駐留する回転翼機が、日常的に活動をともにする他の組織の近くに位置するよう、沖縄県内に設けられなければならないと結論付けた」（傍線は筆者。以下も同じ）。

文書は、グアムについても次のように触れている。

「自衛隊要員及び部隊のグアム、アラスカ、ハワイ及び米本土における訓練」を拡大する。

沖縄（2008年9月末）**とグアム**（2009年3月末）**に駐留する米軍人口**

	面積（k㎡）	基地の割合	人口（2009）	陸軍	海軍	海兵隊	空軍	計
沖縄（日本）	本島のみ1208	18%	110万	1682	1284	12402	5909	21277
グアム（米領）	550	29%	17.8万	41	1105	9	1815	2970

出典　沖縄県基地対策室『沖縄の米軍及び自衛隊基地（統計資料集）』（2009年3月）

「特に、グアムにおける訓練施設を拡張するとの米国の計画は、グアムにおける自衛隊の訓練機会の増大をもたらす」

「世界的な態勢見直しの取組の一環として、米国は、太平洋における兵力構成を強化するためのいくつかの変更を行ってきている。これらの変更には、海兵隊の緊急事態への対応能力の強化や、それらの能力のハワイ、グアム及び沖縄の間での再分配が含まれる。これによって、個別の事態の性質や場所に応じて、適切な能力を伴った対応がより柔軟になる。また、これらの変更は、地域の諸国との戦域的な安全保障協力の増進を可能とするものであり、これにより、安全保障環境全般が改善される。この再編との関連で、双方は、沖縄の負担を大幅に軽減することにもなる相互に関連する総合的な措置を特定した」

「太平洋地域における米海兵隊の能力再編に関連し、第三海兵機動展開部隊（３ＭＥＦ）司令部はグアム及び他の場所に移転され、また、残りの在沖縄海兵隊部隊は再編されて海兵機動展開旅団（ＭＥＢ）に縮小される。この沖縄における再編は、約七〇〇〇名の海兵隊将校及び兵員、並びにその家族の沖縄外への移転を含む。これらの要員は、海兵隊航空団、戦務支援群及び第三海兵師団の一部を含む、海兵隊の能力（航空、陸、後方支援及び司令部）の各組織の部隊から移転される」

この「日米同盟：未来のための変革と再編」合意で、日米代表は、日米軍事同盟の強化、太平洋における米軍兵力の強化、太平洋地域における海兵隊再編の一環としての在沖第三海兵遠征隊（文書では第三海兵機動展開部隊）のグアム移転、グアム訓練施設拡張に伴うグアムでの自衛隊の訓練強化などをうたったわけである。

在沖米軍基地の一部をグアムへ移転するという日米協議は、沖縄が日本に復帰する前年の一九七一年にもあったが、以後は逆にグアムからB52爆撃機、艦船、部隊が沖縄に移転してきたことはあっても、沖縄からグアムへというのはそれ以来のことである。

❖「ロードマップ」（二〇〇六年）に基づく海兵隊グアム移転

「日米同盟：未来のための変革と再編」合意を引き継いで翌〇六年五月一日にワシントンDCで発表されたのが、在沖海兵隊のグアム移転を盛り込んだ「在日米軍再編実施のための日米ロードマップ」合意である。

この合意により、沖縄からグアムに移転するのは、指揮部隊、司令部要員を含む、キャンプ・コートニー、キャンプ・ハンセン、普天間飛行場、キャンプ瑞慶覧及び牧港補給地区といった施設に駐留する部隊である。そして沖縄には、司令部、陸上、航空、戦闘支援及び基地支援能力といった海兵空地（航空・地上）任務部隊が残ることになった。

また、海兵隊のグアム移転に必要となる施設とインフラの整備費算定額一〇二・七億ドルのうち、日本は、「二八億ドルの直接的な財政支援を含め、六〇・九億ドル（二〇〇八米会計年度の価格）を提供する」ことにも同意した。

ロードマップ合意は、まだ自公政権が続いていた〇九年二月一七日、中曽根弘文外務大臣とヒラリー・クリントン国務長官がグアム協定（第三海兵機動展開部隊の要員及びその家族の沖縄からグアムへの移転の実施に関する日本国政府とアメリカ合衆国政府との間の協定）に署名し、衆院外務委員会での審議を経て五月一四日に衆院本会議で可決された。参院で否決されたが、衆院の議決が優先され、正式に成立した。

「ロードマップ」合意にしたがえば、司令部要員と指揮部隊八〇〇〇人が、沖縄に四〇〇〇人余りの実働部隊を残して、グアムに移転することになる。しかし、「唯一機動力があり、自己完結的な混成軍である第三海兵隊遠征軍」（在沖米国総領事館ホームページ）の司令部と指揮部隊が転出して、その実働部隊が残るというのは理屈に合わない。

謎を解く鍵の一つは数字にある。沖縄県が米軍から得た情報によれば、二〇〇九年九月末現在の在沖海兵隊員は一万二四〇二人だが、海兵隊員は陸軍などの兵士と比べて一回の海外勤務期間が短い上に、ローテーションも多い。フィリピンや日本本土で訓練したり、中東に派兵されたりすることもあるので、沖縄に一万二四〇〇人が常駐しているとは限らない。多くの海兵隊員にとって、沖縄は、言ってみれば、訓練と憩いのための暫定的な駐留地に過ぎない。

上記の八〇〇〇というのは、沖縄駐留の司令部要員と指揮部隊だけを指すのか、それとも在沖海兵隊員すべてを指すのか、はっきりしない。また陸軍や空軍と比べて独身者の比率が高い海兵隊で、家族持ち隊員が転出して沖縄には主として独身海兵隊員が残れば、上官の監視を逃れた下級兵たちが事件や事故を起こす確率が高くなり、住民との摩擦もふえるだろう。そうした点を考えると、第三海兵隊遠征軍は一体として移転する可能性が高い。

もう一つの鍵は、「環境影響評価案」に示された基地建設計画にある。それによれば、司令部施設だけでなく、すでに沖縄にあるさまざまな海兵隊訓練基地と同種の実戦訓練施設が、グアムにも建設・整備されることになっている。沖縄の海兵隊全体がグアムに移転して、機動力を有する空軍と海軍に加われば、グアムは太平洋における米国の一大軍事拠点になる。二〇〇五年の「日米同盟：未来のための変革と再編」合意と二〇〇六年の「在日米軍再編実施のための日米ロードマップ」合意を、「環境影響評価案」の基地建設計画に重ねると、このようなグアム海兵隊基地化構想がうかがえる。

グアムに移転するのは、在沖海兵隊の司令部といくつかの部隊そして一万人近くの家族（とその家財やペット）だけではないのだ。海兵隊は、脅威、紛争、戦争、治安安定や人命救助の活動などのために、常時対応態勢をとっておかなければならない。そのためには、射撃訓練、爆撃訓練、車両運行訓練、航空機搭乗・貨物積み出し訓練、通信訓練、ヘリコプター離着陸訓練、飛行訓練、強襲揚陸訓練、ジャングル戦闘訓練、都市型戦闘訓練などを常時積んでおく必要がある。それには、さまざまな訓練施設と訓練場・演習場がなければならない。武器弾薬庫、武器・軍用車両・航空機などの補修場、さらには娯楽施設や教育施設も必要だ。

つまり海兵隊のグアム移転とは、司令部や家族、司令部要員や家族の住む住宅、生活に必要な食料品店、運動施設、教会、学校、映画館、飲食店などに加え、こうした訓練場

二〇〇九年一一月八日、米軍普天間基地の県内移設反対の意思を日米両政府に示す「辺野古への県内移設に反対する県民大会」が宜野湾市で開かれ、二万人をこえる県民が会場を埋めた。地元紙の二紙は号外を発行してそれを伝えた。

（基地）も移転することを意味する。たとえば次のような施設だ。

現在、沖縄本島中部にあるキャンプ・コートニーには、第三海兵遠征軍と第三海兵師団の司令部、家族用住宅、映画館などの娯楽施設、売店、医療施設が設けられている。

金武町《きん》にあるキャンプ・ハンセンには第一二海兵連隊司令部のほか第三諜報大隊、第七通信大隊、第三一海兵遠征隊などが在籍し、いくつかの実弾射撃演習場がおかれている。基地内にあった陸軍特殊部隊（グリーンベレー）の都市型（対テロ）戦闘訓練施設「レンジ４」は、金武町伊芸区の住宅地からわずか三〇〇メートルのところに位置していたため、騒音に悩まされたほか流れ弾の危険におびえていた住民の抗議を受けて二〇〇九年にいったん閉鎖された。そのため陸軍は基地内に新たに建設された「レンジ16」を使うことになったものの、しかし「レンジ４」は海兵隊に引き継がれた。

〇九年一二月には、この新しい実弾射撃演習場で大規模な訓練が行われ、隣接地域に爆発音や銃を連射する音が響いた。ヘリコプターが機関銃らしい銃を地上に向けながら兵士を建物に降ろす訓練も行われた。

❖普天間航空基地移設に「総論賛成、各論反対」

沖縄本島中部の東沿岸から一キロほどの内陸部、国道五八号線に沿うような形で、四・八平方キロの敷地を占拠している普天間基地には、全長二八〇〇メートルの滑走路が一本、その東南に駐機場や誘導路として使われるフライトラインが走っている。滑走路の西側には売店、理髪店、スナック、映画館、給油所、銀行、チャペル、図書室、将校クラブ、下士官クラブ、プールなどが、フライトラインの東側には、搭乗口・貨物積み出し施設のほか、格納庫、燃料保管、管制塔、武器庫、通信施設、兵舎、事務所などが並ぶ。ここは第三海兵遠征隊の第一航空隊（エア・ウィング）のホームベースで、連日、その第三六航空団（エア・グループ）のCH46E中型ヘリコプターやDH53E大型ヘリコプター、BHAH1J軽攻撃ヘリ、KC130空中給油兼輸送機、C12S作戦支援機など、およそ七〇機の固定翼機と回転翼機が離着陸訓練を繰り返している。

終戦直後、米軍が日本本土爆撃のために農地だったところに建設したこの基地は、沖縄の人口増加や宜野湾《ぎのわん》市の発展にともない、現在では病院や学校を含む住宅街に囲まれている。海に向かうべき滑走路が沿岸内陸部の自動車道路に沿っていて、しかも安全地帯もないままに、ヘリや固定翼機が空港と市街地の真上を低空旋回飛行するため、「世界でも最も危険な航空基地」とされている。二〇〇四年に、同航空基地の大型ヘリコプターが隣接する沖縄国際大学の建物に墜落・炎上したのは、記憶に新しい。低空飛行する軍用機の轟音もすさまじい。

二〇〇四年一〇月一日に在沖米軍基地の本土移設を検討する考えを明言した小泉純一郎首相は、翌〇五年二月一六日、首相官邸を訪れた外務省の河相周夫北米局長、防衛庁の飯原一樹防衛局長（当時）に「辺野古《へのこ》はもう駄目なんだろ」と「強い口調で見直しを指示した」（『沖縄タイムス』二〇〇六年九月二四日）。しかし、日米両政府は〇五年一〇月、「日米同盟：未来のための変革と再編」合意で、代替施設の建設場所を名護市キャンプ・シュワブ沿岸部に決定した。

その決定の少し前、〇五年六月二三日の慰霊の日に沖縄に来た小泉首相は、「総論賛成、各論反対。自分の所には来てくれるなという地域ばかりだ」と、本土の各自治体が安保維持や沖縄の基地削減には賛成したものの、基地受け入れには反発したと述べ、その後は普天間飛行場の県内（辺野古沿岸）移設を容認する姿勢をとった。本土自治体の反発には対応するものの、沖縄の反発には聞く耳をもたない、という明らかな差別である。

普天間航空基地は、「（沖縄本島東岸の）辺野古岬とこれに隣接する大浦湾と辺野古湾の水域を結ぶ形」で、一帯を埋め立てて建設する代替施設に移設されることになった。しかし、代替施設の工事は、新しい軍事基地の建設を忌避する地元住民や絶滅危惧種ジュゴンへの影響を懸念する人々の反対に遭って進んでいない。現地の漁港の傍では、二〇〇四年四月以来、地元住民と有志市民による建設反対のすわり込みが一日も欠かすことなく二〇〇〇日を超えて続けられている。

❖沖縄に集中する在日米軍基地

宜野湾市を中心に沖縄市、北谷町《ちゃたんちょう》、北中城村《なかぐすくそん》にまたがるキャンプ瑞慶覧《ずけらん》（キャンプ・フォスター）には、在日海兵隊を統括する海兵隊キャンプ・バトラー司令部のほか、住宅、レストラン、各種店舗、学校、映画館やボウリング場などからなる沖縄最大の海兵隊居住地区が広がる。浦添《うらそえ》市のキャンプ・キンザーまたは牧港《まきみなと》サービス・エリアとして知られる牧港補給地区は、弾薬、武器、車両、制服などを備蓄する、兵站（倉庫）地域だ。

沖縄県には、二〇〇九年一月現在、日本全国の米軍専用施設・区域のうち七四・二%が集中している。本章とびらの円グラフが示すように、米軍基地は中国や北朝鮮に近い地域、あるいは面積の広い地域より、日本本土から遠く、しかも国土面積のわずか〇・六%に過ぎない沖縄県に偏在している。

基地は陸上だけにおかれているわけではない。本島中北部東岸のキャンプ・シュワブ水域にはギンバル強襲揚陸訓練場や金武《きん》ブルー・ビーチ強襲揚陸訓練場、中部の勝連《かつれん》半島岬沿岸にはホワイトビーチ訓練場水域や津堅島《つけんじま》訓練場水域が設けられている。本島西岸の伊江島補助飛行場の沿岸は伊江島補助飛行場訓練水域、久米島沿岸には鳥島《とりしま》射爆撃演習場、東久米島射爆撃演習場、出砂島《いですな》射爆撃演習場、さらに本島沿岸から離れた近海には沖大東射爆撃演習場のほか、沖縄北部訓練空域、沖縄南部訓練空域や、ホテル・ホテル、マイク・マイクなどと名付けられた広大な訓練水域・空域が広がる。そして海域・空域訓練場を除く駐留・訓練施設の七六％（一七万六六八〇平方キロ）は、海兵隊が使用している。

日本に駐留する米軍兵力も、沖縄が圧倒的に多い。沖縄県の統計（二〇〇九年九月末）によると、駐留米軍全体の六三・九％、海兵隊員の実に八六・三％（一万二四〇二人）を沖縄が占めている。米国の国外で米軍基地がこれほど集中している例は、ほかにない。

❖グアムの戦略的位置と「適性」

一方、グアムは、沖縄本島のほぼ半分の面積をもつ米国領で、その三分の一が国防総省の所有地だ。空路で東京やマニラまで三時間、ソウル、台北、香港まで四時間、サイゴンやシンガポールまでやはり四時間、バンコクやシドニーまで六時間、ホノルルやフィジからは七時間という要所にある。台地、丘陵、森林、ビーチと地形も多様で、広い空域・海域を有し、海兵隊の訓練に向いている。

海に囲まれた島の北端には巨大なアンダーセン空軍基地、その南西には海軍通信所が位置し、南部西岸にはホノルルとマニラの間では最大といわれる深いアプラ軍港を擁する海軍基地が広がる。軍港のすぐ近くには、かつて核兵器を貯蔵していたという弾薬庫地区や海兵隊飛行場跡がある。

アンダーセン空軍基地の北東側と北西側には、それぞれ二本の長い滑走路があり、これまで爆撃機、戦闘機、ヘリコプターなどが離着陸しているが、基地の東西と北の三方は海に囲まれ、離着陸航路は海から海へ向かっている。フェンスの南側に位置する民家、病院、学校、教会、公園などがあるジーゴ村との間にはかなり距離があるため、沖縄の嘉手納、宜野湾、北谷《ちゃたん》、金武《きん》などと違って、危険性も騒音も相対的に少ない。

では、在沖海兵隊のグアム移転が実行されれば、海兵隊は沖縄に設置されている訓練施設を閉鎖・撤去して、訓練場もろともグアムに引っ越すのだろうか。グアムにおける米軍の基地建設計画は、海兵隊が隊員や家族だけでなく、その機能も含めてグアムに移転することに備えて進められているのだろうか。

日米ロードマップ合意は、米国が沖縄から海兵隊を全面的に撤退するとは一言も言っていない。キャンプ・コートニーの司令部と、キャンプ・ハンセン、普天間飛行場、キャンプ瑞慶覧及び牧港補給地区といった施設に駐留する部隊が移動する、と述べているだけである。司令部、陸上、航空、戦闘支援及び基地支援能力といった海兵航空・地上任務部隊は沖縄に残るという。

在沖海兵隊のグアム移転は、普天間飛行場の代替施設確保に向けての具体的な進展とグアムのインフラ整備に必要な日本の資金貢献次第、また嘉手納以南の米軍施設の統合・返還はグアム移転の完了による、という付帯条件がついていた。

そのため、二〇〇九年九月に民主党政権が誕生した後、日米ロードマップ合意を見直して普天間基地の沖縄県内（辺野古）移設がなくなれば、在沖海兵隊のグアム移転も、嘉手納空軍基地以南の基地閉鎖・土地返還も消える、という議論になった。野党・自民党だけでなく、大手メディアも、多くの軍事・外交評論家も、日米同盟や日米関係を傷つける、と合意見直しに強く異を唱えた。小泉首相がいみじくも「総論賛成、各論反対」と評した本土都道府県の対応を批判する政治家やメディアはほぼ皆無だった。米軍基地は沖縄、という現状を変える気は全くないのである。

❖着々と進むグアム基地建設計画

ところが一方のグアムでは、在沖海兵隊の司令部と家族用施設の整備だけでなく、アンダーセン空軍基地での海兵隊飛行訓練、南アンダーセン空軍基地跡地での射撃訓練や都市型戦闘訓練、沿岸での強襲揚陸訓練、バリガダでの居住、既存海軍基地を利用した弾薬保管・銃撃訓練・ヘリコプター離着陸訓練などのための施設建設の準備が着々と進んでいる。グアムやテニアン周辺の空域・海域で訓練・演習することも想定されている。グアムの基地建設計画は、在沖海兵隊の全員移動に対応するために準備されているという可能性が高い。

一体、これはどうなっているのか。すでに見た「日米同盟：未来のための変革と再編」合意と日本政府が海兵隊グアム移転を財政負担するということの「ロードマップ」を突き合わせると、グアムにおける米軍再編・基地整備計画は、ブッシュ政権と小泉政権が日米同盟の強化のために仕組んだ合同計画ではないかと思えてくる。グアム基地が完成すれば、自衛隊はそこで米軍と共同訓練ができるし、米国は住民の反対という「火種」を抱えて外交問題化しかねない沖縄とは別の太平洋の要所に訓練・前方展開拠点がもてるからだ。

米軍は、東アジアにもっとも近く、すでにアンダーセン空軍基地や巨大な海軍施設が存在する米領グアムを海兵隊基地としても整備する一方で、日本の一部である沖縄を海兵隊基地として保持し続ける――そう考えているのではないか。このように基地を分散すれば、海兵隊は沖縄とグアムにまたがって陸上・海上・沿岸・上空の訓練・演習を行うことができるし、また一方で軍事的、政治的問題が生じたり、軍用機墜落などの事故が起きたりすれば、一時的に他方に移転して、米国の米本土安全保障戦略および東アジア安全保障戦略を維持することが可能になるからだ。

在沖海兵隊は、すでに沖縄だけでなく、グアムやその近海に出かけて訓練しているという実績もある。日本、中国、北朝鮮の対米関係の変化により、在沖海兵隊が危険にさらされ、あるいは撤去を迫られれば、米領グアムが軍事機能を代行できる。逆に、グアムが自然災害や軍事的脅威に襲われれば、沖縄が代行機能を果たせる。グアムは猛烈な台風に襲われることがあり、ベトナム戦争時にはB52爆撃機が一時、嘉手納空軍基地に移ったこともあった。在沖海兵隊のグアム移転には日本政府が巨額の資金を提供することになっている。いずれは沖縄から撤去を余儀なくされる日に備えて、戦略的要衝にある自国の属領に、他国の資金で安定的な軍事基地をつくることができるわけである。

メモ 海兵隊が沖縄から撤退しても抑止力は失われない

「日米同盟：未来のための変革と再編」合意によれば、普天間基地の沖縄県内移設は軍事的「抑止力」を維持するためである。ところが、岡田外相は、〇九年一一月四日の衆院予算委員会で、「海兵隊が沖縄になくても抑止力が完全に失われることはない。(中略)日本以外で海兵隊の大部隊が米国本土以外で展開している地域があるのか。基本的には米国本土に置いてある」と述べた。

しかし岡田外相はほぼ一か月後の記者会見で、「機動力がある海兵隊の存在が紛争発生を抑止し、有事には日本の安全に有用となる」として、「日本には海兵隊が必要だ」という在日海兵隊必要論に切り替えた。果たしてそうだろうか。
国防総省の資料（〇八年三月）によれば、米海兵隊の配備状況は次のようになっている。

米国・米国領――一四万一五二六人
（本土一〇万三九七八人、ハワイ六一五〇人、一時滞在三万一三四八人）
ヨーロッパ――八〇四人
東アジア・太平洋――一万五〇〇六人
北アフリカ・近東、南アジア――四七四二人（うち洋上四三四五人）
サブサハラ・アフリカ――九五八人
（米国を除く）西半球――三三八人
未配置――二万五八七三人。

岡田の指摘通り、米海兵隊の大半が米国に駐留しており、海外では日本が一万四〇六二人と突出して多い。日本が突出しているのは、沖縄にハワイ駐留海兵隊員のほぼ二倍に当たる一万二四〇二人が駐留しているからだ。

沖縄・うるま市のキャンプ・コートニーには三つある米国海兵遠征軍のひとつ、第三海兵遠征軍が司令部をおき（海外に司令部をおいているのはこの第三海兵遠征軍のみ）、沖縄を中心とするほぼすべての在日米海兵部隊を仕切っている。

海兵遠征隊とは、海兵隊の強襲揚陸艇による水陸両用（上陸）作戦、ヘリコプターを含む航空戦力、射撃・砲撃訓練に支えられた地上戦闘能力、車両・兵器・弾薬などの兵站力《へいたん》を備え、「いつでも世界のどこへでも」輸送機や艦船で緊急に戦地へ移動・展開して戦闘ができる、いわば機動力をもつ殴り込み即戦部隊である。「遠征隊」という名前が示すように、またイラク戦争が実証したように、米本土や洋上基地（空母）から出動することも可能だ。

米領グアムに駐留した海兵隊員は、二〇〇四年九月現在でわずか五人、〇五年一二月末でも同数、〇八年三月末で九人（米国防総省資料）。同じ時期に空軍と海軍が三二〇〇人から二七〇〇人を配備していたのに比べると、きわめて少ない。

一方、駐留する海兵隊員の数だけを考えると、沖縄から多数の海兵隊員が中東（あるいはグアムなどの訓練基地）に派遣されて、一時的に沖縄の駐留実数が減少することもある。これらの事実を併せて考えると、沖縄に広大な海兵隊居住・訓練基地がおかれ、多数の海兵隊員が「駐留」しているのは、多分に「そこに慰安施設を備えた基地があるから」という便宜的な理由によるものでしかないことが透けて見える。海兵隊、あるいはその航空隊の沖縄配備が、日本近辺の「抑止力」維持につながるという戦略的根拠はうすい。「抑止力」を強調しながら、二〇〇九年の北朝鮮ミサイル発射騒動に対応した空・海・陸部隊に言及しないのもおかしい。

在沖米国総領事館のホームページによれば、「この場所（沖縄）以外に、米軍がこの地域（アジア太平洋）の安定確保という重要な役割を果たすことを可能とする場所はない」と主張する。しかし、小泉首相の「総論賛成、各論反対」という言葉からすれば、沖縄の「戦略的地位」とは単なる政治的レトリックに過ぎないことが分かる。米ブルッキングス研究所のマイク・モチズキ氏も、一九九五年以来、著書、論文、講演などで米国が沖縄を戦略基地として位置づけることがいかに「時代遅れ」であるかを繰り返し指摘し、雑誌『世界』（九六年四月号）で「沖縄から米海兵隊を削減、撤退すべきだ」と提案するなど、沖縄駐留米軍の大幅縮小を唱えている。

米国のグアム基地建設計画案も、グアムにおける軍備強化は米本土および東アジア地域の安全保障強化が目的だと述べている。グアムは、沖縄よりも中国や北朝鮮から遠く、これらの国から弾道ミサイルが飛んでくる危険はそれだけ少ない。

メモ　進行する米軍の基地統合・閉鎖

一九八〇年代末以来、米国防総省は、冷戦時代に次々建設した軍事施設を整理縮小して、運営・維持費を節約し、その分を装備や戦略の近代化に回そうという基地統合・閉鎖（base realignment and closure=BRAC）計画を進めてきた。八九年から九五年までに米国内で四回にわたって実施したBRACで、三五〇を超える軍事施設を閉鎖している。最新のBRAC計画はブッシュ政権下の二〇〇五年に承認され、二〇一一年九月一五日までに二五施設を閉鎖し、他の二四施設を整理統合することになっている。このBRACの国際版に当たるのが「トランスフォメーション（変革）」である。

基地の統合・閉鎖は海外でも行われている。フィリピンでは、ピナツボ山の大噴火（九一年六月）により火山灰に埋もれたクラーク空軍基地が閉鎖されたあと、破壊的被害を逃れたスビック湾海軍基地については、一九四七年に締結された基地協定の期限切れ後も米軍駐留の延期を認めるはずだった友好・平和・協力協定の交渉がこじれ、フィリピン政府は米国に一年以内すなわち一九九二年末までに撤退するよう求めた。これを受けて、米国は設備や機材を沖縄などの海軍基地に移送し、九二年一一月二四日、正式に基地を閉鎖・返還した。

米国自治領プエルトリコの大西洋艦隊射爆撃（武器テスト）演習場では、一九九六年のビエケス島での誤爆致死事故が引き起こした基地反対運動を受けて、ブッシュ大統領が米海軍の強い反対にもかかわらず二〇〇一年にビエケス島からの撤退を発表、二〇〇三年には同島東岸の射爆撃訓練場そして西側の弾薬庫地区から撤退を完了した。まもなくプエルトリコ本島東側に位置する演習場の本拠地、巨大なルーズベルト・ロード海軍基地も閉鎖された。演習場は米本土に移転された。

一九九〇年代から米軍が段階的に削減されていた韓国では、二〇〇四年の在韓米軍再編計画に基き、〇六年までに南北非武装地帯に近い小規模施設を含む三二もの米軍基地が閉鎖され、返還作業が進められた。〇四年八月にイラクに展開した第二歩兵師団第二歩兵旅団の三九〇〇人は、韓国に戻ることなく、コロラド州フォート・カーソンに移転した。予定では、在韓米軍は昨年末までに一万二五〇〇人減って、二万五〇〇〇人規模に落ち着くことになった。二〇〇六年六月七日付『星条旗』紙によれば、米国はすでに閉鎖した二五基地（総面積一万一〇〇〇エーカー）を無償で返還しようとしたが、環境浄化に不満を抱いた韓国政府が返還を認めたのは七施設だけだという。

ヨーロッパでは、冷戦終結により大きな戦争の可能性が減ったとして、欧州駐留米軍の約八五％に相当する約七万の兵士が、主としてドイツからテキサス州フォート・ブリスとカンサス州フォート・ライリーに移動中で、在欧米軍基地の大半は、最終的に非恒久的で軽装備・低費用の施設に置き換えられるという。

二〇〇六年には、米国は地中海有数の観光地として知られるイタリア・サルデーニャ島沖合のマッダレーナ島にあった原潜補給基地を、近海での原潜事故と観光への影響の懸念から撤退運動が高まったサルデーニャ市の要求を受けた米イ合意に基づき、わずか一年で閉鎖・返還した。米国は冷戦後のトランスフォメーションの一環、と説明した。

グアムも、ＢＲＡＣの例外ではなかった。一九九三年のＢＲＡＣで海軍とグアム国際空港が共同使用していた海軍航空基地を閉鎖し、一九九四年のＢＲＡＣでは北部の連邦航空局住宅地区、ハーモン・アネックス、海軍航空基地将校住宅地区、グアム国際空港に近いバリガダの未開発地域、中部の森林地帯が解放された。九五年のＢＲＡＣでは、海軍航空基地の海軍戦隊を米本土に移転し、将校住宅地区を閉鎖したほか、グアム海軍活動施設、海軍艦隊・工業品供給センター、海軍艦船修理施設、公共事業センターの整理統合が決まった。

二〇〇五年のＢＲＡＣでは、アンダーセン空軍基地の施設管理業務を米海軍マリアナ・グアム艦隊・家族支援合同司令部（ＦＦＲＰ）に移した。

メモ　9・11が促進したトランスフォメーション（変革）

米国では、東西冷戦が終結する一九八〇年代末から、軍事「トランスフォメーション（変革）」の必要性が論じられるようになった。Saki Ruth Dockrill 著The End Of The Cold War Era: The Transformation Of The Global Security Order (2005)（仮訳『冷戦時代の終結：世界安全保障体制のトランスフォメーション』）といった書名が示すように、米国は新たな時代における軍事戦略の変革を求めていた。米議会が設置した防衛科学委員会の定義（一九九九）によれば、「トランスフォメーション」とは「二一世紀の新たな安全保障上の問題に対応するための、大胆で新しい軍事行動の方法」を探ろうというものであった。

二〇〇〇年に大統領に当選したジョージ・W・ブッシュは、予想以上に準備に手間取った湾岸戦争への反省を踏まえて、米軍をより軽装で、より殺傷力が高く、より機動性を発揮できるよう変革することが急務であると主張。翌年政権につくと、ドナルド・ラムズフェルド国防長官に「二一世紀に向けた米軍変革」の実施を指示した。ラムズフェルドが最初に取り組んだのが、実効性のあるミサイル防衛システムの開発と、軍事変革に必要な資金を捻出するための陸軍の縮小であった。

二〇〇一年九月一一日の米国での同時多発テロ事件により、トランスフォメーション計画に拍車がかかった。同年九月末に急遽発表された「国防政策見直し（QDR）」は、そのことを強く示していた。

ブッシュ大統領が、二〇〇四年八月一六日、退役軍人会で発表した新軍事展開計画は、「トランスフォメーション」の趣旨を分かりやすく説明しているので、紹介しよう。

●現在、米国の海外駐留部隊は、基本的に、前世紀の諸々《もろもろ》の戦いの地に、ヨーロッパやアジアにとどまっている。それは例えばソ連の脅威への対処を念頭においたものであるが、ソ連の脅威はすでに存在しない。新たに生じつつある脅威に対処すべく、米国政府は同盟国および米国議会と軍事態勢見直しにつき協議を進めてきた。

●本日、米軍の海外への展開に関する新たな計画を発表したい。今後一〇年間で、より迅速でより柔軟な部隊を展開する考えであり、その結果、より多くの部隊が米国本土に駐留し、そこから展開することとなる。予測困難な脅威によりよく対応するため、一部の部隊を新しい場所に移動させる。また、二一世紀の技術革新を活用して、高い戦闘能力をもつ米軍部隊を迅速に展開できるようにする。

●この新たな計画によって、我々は二一世紀の戦争をよりよく戦うことができるようになる。世界中で従来よりわが国の同盟が強化されるとともに、新たなパートナーシップが築かれることにもなる。米軍軍人とその家族のストレスも緩和される。米国は海外に引き続き多数の米軍兵力を駐留させるものの、今後一〇年間で、六万人から七万人の将兵、一〇万人の軍属と家族が帰国することとなる。軍人の配偶者は生活基盤が安定し、負担が減る。さらに海外の不要な基地が閉鎖されることで、米国の納税者の負担も軽減される。

●世界が大きく変わったのであるから、軍事態勢も変わらなくてはならない。それは軍人の家族及び納税者の負担を軽減するためにも、米軍が世界中で自らの力を守り、自由と平和を発展させるためにも必須である。

こうした考えにもとづき、世界中に展開した米軍の海外基地を整理縮小し、部隊の多くを後方（米本国）に移す。そうすれば、国土防衛の強化につながるだけでなく、軍人とその家族の精神的負担や国家の経費削減にもつながる。海外へは新しい軍事技術を使って効率的に部隊を緊急派遣すればよい——というのである。国防総省の言葉を借りれば、「冷戦時代の戦略から二一世紀型戦略への転換によって、ほとんどの部隊は米本土におき、海外で有事が発生すると訓練や参戦のため急派できるようにする」という。先に見た海兵隊配置の数字とも整合している。

次章以下に紹介する在日米軍の再編、在沖海兵隊の米領グアム移転に伴うグアム基地の整備、アプラ軍港での原子力空母埠頭の建設も、米国の新世界戦略の一環としてとらえると分かりやすい。

III

在沖海兵隊グアム移転への経過

アンダーセン空軍基地は、グアム島北端の三方を岸壁に囲まれた石灰岩台地の上に位置し、北東側に「北飛行場」(写真)、北西側に「北西飛行場」、その間に弾薬倉庫がある。総面積6300ヘクタール(普天間基地のほぼ13倍)。太平洋戦争末期の1944年、日本へのB29出撃基地として建設された二つの飛行場のうち、「北西飛行場」は、戦後いったん閉鎖されたが、「北飛行場」は冷戦時代にアンダーセン空軍基地として強化され、朝鮮戦争やベトナム戦争で大きな役割を果たした。北飛行場は、全長3400メートルと3200メートルの舗装滑走路、その間に広い駐機場が海に向かって並ぶ。滑走路の南側には管理室のほか、給油所、補修施設、貨物置場、搭乗・搭載施設、待機室などが置かれ、北側には、海軍ヘリコプター海上戦闘隊の弾薬庫と緊急時駐機場が位置する。北西飛行場にも二本の滑走路があり、固定翼機と回転翼機の飛行訓練に使われている。弾薬庫には、3000ポンド空中発射巡航ミサイルも配備されている。

(写真提供：Global Security.org)

❖統合グアム計画室が作成した「環境影響評価案」

第二次大戦後、半世紀近くにわたった東西冷戦とそれに続く民族紛争の後を追うようにして、二〇〇一年九月に軍事超大国・米国を襲った同時多発テロは、ブッシュ政権を単独行動主義と対テロ戦争に走らせた。時代の変化を受けて米国がトランスフォメーション（軍事変革）を進める中で、〇五年一〇月、日米間で海兵隊普天間航空基地の沖縄県内移設と在沖海兵隊のグアム移転を含む「日米同盟：未来のための再編と変革」を発表、翌〇六年五月、その実現をめざして「在日米軍再編実施のためのロードマップ」合意が発表された。

一方、米太平洋軍は、二〇〇六年七月、「グアム統合軍事開発計画案」を発表、二年後の〇八年四月にはその改訂版「グアム統合マスタープラン」を公表、翌〇九年一一月二〇日、そのマスタープラン実行のための「環境影響評価案」を発表した。

米国では、土地の形状の変更や工作物の新設など大規模な工事を行なう際は、環境保護政策法（NEPA）の定めに従って、土地・森林・海岸・海域・空域利用による環境への影響を予測評価し、内容を公告・縦覧して関係者の意見を聴取し、それを取り入れた最終版にまとめてからでないと、計画を進めることができない（日本の場合も同じ）。そのための

「環境影響評価案」であった。

米海軍施設本部（ホノルル）の統合グアム計画室が作成した「評価案」は、「要旨」と一～九巻の全一〇冊（九巻目は参考資料を掲載した付録）からなる大部なものである。計画室はその印刷物をグアム島内の数箇所の図書館に置いて公開するとともに、ウェブサイトで公表した。

「環境影響評価案（Draft EIS/OEIS）」には、米軍が実施しようとしている最新のグアム基地建設・整備計画が示されている。そこで本章と次章では、この評価案をもとに、グアムおよび北マリアナ諸島における米国の基地建設構想を詳しく見てゆくことにする。

「評価案」の正規の名称は、『グアム・北マリアナ諸島軍事移転（沖縄からの海兵隊移転、訪問空母の接岸埠頭、陸軍ミサイル防衛任務隊）に関する環境影響評価・海外環境評価草案（Draft Environmental Impact Statement / Overseas Environmental Impact Statement：GUAM AND CNMI MILITARY RELOCATION Relocating Marines from Okinawa，Visiting Aircraft Carrier Berthing, and Army Air and Missile Defense Task Force)』という。

この長いタイトルが示すように、沖縄からグアムに移転する海兵隊のためだけでなく、同時期にグアムで予定されている原子力空母寄港用の埠頭建設、グアムに駐留する予定の陸軍ミサイル防衛任務隊を受け入れるための施設整備を実現するための環境アセスメント報告書である。またグアムだけでなく、その北に位置する北マリアナ諸島（Commonwealth of the Northern Mariana Islands＝CNMI）のテニアンも対象になっている。

グアムの三分の一は前に述べたように米国防総省の所有地である。またテニアンの中北部三分の二は国防総省がテニアン自治領政府から軍用地として借り受け、北部三分の一は現在も軍用地として使っている土地だ。タイトルに「海外環境評価」が並列されているのは、米国の領海（沿岸から一二海里＝二二・二キロメートル）の外側も環境影響評価の対象になったからである。

グアムは米国土省が管轄する「未編入領」、北マリアナ諸島は自前の憲法をもつものの米国と政治的に連合する自治領（コモンウェルス）である。いずれも米国大統領が元首であることが示すように、米国海外領であり、独立国家ではない。

❖日本以外の東アジア同盟国は新基地受け入れに難色

「環境影響評価（ＥＩＳ）案」によると、米国防総省は、二〇〇三年三月にチェイニー国防長官が発したメモ「統合世界態勢・基地配置戦略（ＩＧＰＢＳ）」とブッシュ政権が二〇〇一年九月と〇六年二月に発表した「四年ごとの国防政策レビュー（ＱＤＲ）」にもとづいて、二一世紀の新たな安全保障環境に対応するため、米軍の国際戦略と太平洋地域の米軍基地編成の見直しを開始した。その過程で、国防総省は、日本における在日米軍の再編と、太平洋地域における他の米軍再編との調整を図ることになった。

日米間で行われた防衛政策見直し協議（Defense Policy Review Initiative：DPRI）の結果、小泉政権下の日本は、二〇〇四年一〇月の「同盟関係の変革と再編（ＡＴＡＲＡ）」につづく「日米同盟：未来のための変革と再編」合意（〇五年一〇月二九日）、及びその具体化のための「米軍再編実施のための日米ロードマップ」（〇六年五月一日）で、日本と周辺地域における二国間防衛協力の重要性や抑止力維持・強化のための米軍前方展開基地の必要性を認め、在沖海兵隊員とその家族のグアム移転とそれに必要な費用の分担に同意した。海兵隊がグアムに移転しても、米国は日本の安全保障に責任をもつ、というのが条件だった。

チェイニー元国防長官の「統合世界態勢・基地配置戦略」構想を進めるに当たって、米国は太平洋地域で戦略的にもっとも適した恒久基地の配備地を探そうと、オーストラリア、フィリピンなど、日本以外の他の同盟諸国とも協議した。しかし、これらの同盟国は一時的な米軍部隊の駐留や安全保障協力には同調したものの、新たな米軍恒久基地を受け入れることには難色を示した。

❖〝最善の選択〟はグアムだった

一方、米国は一九九六年のＳＡＣＯ合意以来、具体的課題となった沖縄の基地負担を軽減するため、在沖海兵隊の隊員とその家族を別のところへ移転することになった。その移転先は、「部隊が必要とされ、歓迎される（wanted and welcomed）」国・地域に配備するという米国の基本方針のもと、以下の三条件を満たす必要があった。

第一に、米国が相互防衛条約を結んでいる西太平洋地域に位置すること。

第二に、「アジア・太平洋地域における米国の安全保障要件（日本や他の同盟国に対する条約上の義務を含む）を満たす」ため、紛争が予想されるところに時間的に素早く対応できる場所であること。

第三に、米国が自由に、制限なく基地や訓練施設を使用して、有事に緊急対応する軍事態勢がとれる場所であること。

第一の条件に該当するのは、フィリピン、韓国、日本のほか、米国と多国間防衛条約を結んでいるオーストラリア、ニュージーランド、シンガポール、タイなどである。ところが、日本を除く同盟諸国は米軍部隊の増加に「難色と不可能性 unwillingness and inability」を示したため、米軍は米国領土に新たな基地設置場所を求めることにした。

第二の条件、紛争が予想されるアジア太平洋地域への（出撃だけではなく、訓練や装備、支援体制を含む）対応時間であるが、東南アジアへの移動時間を、ハワイ、アラスカ、カリフォルニア、グアムの各地から、沖縄と台湾までの移動に要する時間を比べてみると、グアムが圧倒的に近い（沖縄へ空路二・五時間、海路三・八日、台湾へは空路三・三時間、海路五日）。また、西太平洋のフィリピン、韓国、タイ、オーストラリアの各地から、沖縄と台湾への移動時間を見ると、空路だとフィリピン（台湾まで一・六時間、沖縄まで一・九時間）と韓国（沖縄まで一・七時間、台湾まで二・〇時間）、海路でもフィリピン（台湾まで一・一日、沖縄まで一・八日）と韓国（沖縄まで一・六日、台湾まで一・九日）が最も短いが、グアムがこれらの国々に大きく劣るわけではない。

しかも、韓国は朝鮮半島の安定を最優先しなければならないだけでなく、米国は在韓米軍の縮小も進めている。また「環境影響評価案」は言及していないが、フィリピンは一九九一年以降、米軍の常駐を認めていない。タイやオーストラリアの外国軍に対する出入国条件も厳しい。結局、ここでも答えはグアムだった。

沖縄はグアムより中国や東南アジアに近いものの、グアムには米本土やハワイから近いという利点がある。日米が「脅威」とみなす中国や北朝鮮から沖縄よりも離れており、これらの国のミサイル攻撃から米本土を防衛するのに、より時間的に余裕がもてる。

そして第三の条件、基地と訓練施設の制限なき使用、アジア太平洋地域における危機の際の緊急出撃対応の態勢については、評価書はグアム、ハワイ、アラスカ、カリフォルニアに勝る場所はないと断定する。いずれも、基地を設置するだけのインフラは整備されており、しかも自国領であるため、米軍の「行動の自由」には制約がない。しかしこのうち、カリフォルニア、アラスカ、ハワイは東アジアから遠く離れているため、米国がアジア太平洋地域の有事に緊急に対応するという同盟諸国への条約上の義務を果たすには無理がある。その点、米国領で、太平洋の西端、アジアの東端に近いグアムには、問題がない。

結果的に、すでに米軍基地として使用されてきた米国領で、米国の最西端に位置して日本を含む東アジアに近く、米国と周辺地域の安全保障機能を果たすためのすべての条件を満たすグアムが、アジア太平洋地域における米軍再編の拠点と判断されたのである。

❖「グアム統合軍事開発計画」（二〇〇六）に示された再編構想

二〇〇六年五月の在日米軍再編ロードマップでは、二〇一四年までに沖縄からグアムに移転するのは、第三海兵機動展開部隊の指揮部隊、第三海兵師団司令部、第三海兵後方群（戦務支援群から改称）司令部、第一海兵航空団司令部及び第一二海兵連隊司令部」などに属する海兵隊要員約八〇〇〇人と家族九〇〇〇人とされた。

この再編ロードマップ合意から二か月後の〇六年七月、米太平洋軍司令部は、在沖海兵隊のグアム移転を実現すべく、「グアム統合軍事開発計画（ＧＩＭＤＰ）案」を承認し、九月に公表した。それには、すでに二〇〇四年九月にブッシュ大統領が発表していた世界的な基地再編計画、すなわち「統合世界態勢・基地配置戦略（ＩＧＰＢＳ）」に沿って、グアムに在沖海兵隊遠征軍司令部とその部隊が移転する、アンダーセン空軍基地に接する南西沿岸のフィネガヤン一帯に海兵隊司令部、司令部要員と家族のための居住・医療・商業・教育施設、射撃訓練場などを建設する、アプラ港に前方展開艦船を受け入れる岸辺施設を整備し、原子力空母の一時駐留埠頭を建設する、南アンダーセン空軍基地跡に都市型（対テロ）戦闘訓練施設、水陸両用車訓練場などを建設する構想が盛り込まれていた。

この素案は、ほとんど変更されることなく国防総省の「グアム統合軍事マスタープラン素案」（Draft Guam Joint Military Master Plan）に改訂され、〇八年四月に公表された。この改訂版では、空軍が利用しているアンダーセン空軍基地内北東側の滑走路二本（三四〇〇メートルと三二〇〇メートル）と基地中央部にある弾薬庫、そして北西側に位置する北西飛行場の利用、フィネガヤン海軍コンピューター・通信ステーション（ＮＣＴＳ）における海兵隊の司令部機能、隊舎、生活関連施設などの設置、南アンダーセン空軍基地跡地での海兵隊訓練地区（実弾射撃を含む）設置、アプラ港での海兵隊支援施設設置などが構想されていた。

オバマ米大統領が〇九年二月二六日、議会に送付した二〇一〇会計年度（〇九年一〇月～一〇年九月）の予算教書で要求した国防予算は前年度比四％増の五三三七億ドル（約五二兆三〇〇〇億円）で、これには、在沖海兵隊のグアム移転費として、三億七八〇〇万ドル（約三三二億円）が含まれていた。

「マスタープラン」実施のため、〇九年一一月に発表された「環境影響評価（ＥＩＳ）案」

によれば、沖縄から移駐する海兵隊の構成は次の通りである。

■第三海兵遠征軍（ⅢＭＥＦ）――海兵隊の前方展開海兵陸空任務隊（ＭＡＧＴＦ）の司令部、三〇四六人（指揮部隊を含む）。

■第三海兵師団の陸上戦闘部隊（ＧＣＥ）、一一〇〇人（指揮部隊を含む）。

■第一航空団航空戦闘部隊（ＡＣＥ）、一八五六人（指揮部隊を含む）。

■第三海兵兵站グループ兵站戦闘部隊（ＬＣＥ）、二五五〇人（指揮部隊を含む）。

■一時駐留部隊、二〇〇〇人（歩兵大隊八〇〇人、砲兵隊一五〇人、航空隊二五〇人、その他八〇〇人）

司令部と常駐部隊だけで八五五二人、一時駐留部隊を含めると、一万人を超えることになる。

❖普天間の航空戦闘部隊はアンダーセン空軍基地へ！

第三海兵遠征軍だけでなく各部隊の司令部を含む司令部本拠、独身者用住宅、家族用住宅、補給物資、屋外貯蔵所、コミュニティ施設（売店、学校、娯楽、医療、デイケアなど）やパレードなどのための広場を含む司令部は、アンダーセン空軍基地に接する南西沿岸のフィネガヤン地域に設ける構想だ。陸上戦闘に備える実弾演習場は南アンダーセン空軍基地跡、弾薬保管施設は海軍弾薬庫地区が第一候補に挙がっている。

日米「ロードマップ」合意では、海兵隊普天間航空基地は沖縄本島東岸の辺野古《へのこ》沿岸に移設されることになっているが、この「環境影響評価（ＥＩＳ）案」は、「場所的に制約はあるものの、アンダーセン空軍基地は（飛行場機能の）適合性と基準のすべてを満たした。唯一の理にかなった選択肢である。この国防総省の現存飛行場は、沖縄から移転することになっている航空機を受け入れるだけの十分なスペースをもつ」（第二巻第二章）、「海兵隊の飛行場機能要件は、アンダーセン空軍基地の現存飛行場で対応する」（同）と明記している。

ここでの「適合性」とは、将来の役割（ミッション）との整合性、（文化的・歴史的な意義を含む）環境への配慮、予期される人々の懸念を質的に評価したものであり、「基準」とは土地の有無、運営能力、訓練能力、エンクローチメント（環境破壊や住宅街への迷惑など）、対テロ防衛、軍事ビジョンとの整合性を指す。

次に「飛行場機能」とは、滑走路、格納庫、管制塔、給油施設をもつ飛行場で行う、兵員や武器・弾薬などの貨物の搭乗・搭載を指す。ここで航空部隊は、滑走路を使って、離着陸訓練、搭乗・搭載訓練、国際空域や米国領マリアナ諸島の空域を使った飛行訓練や航空戦闘訓練を行う。沖縄からグアムに移駐してくる海兵隊は、固定翼機と回転翼機への支援機能、および要員と貨物の搭乗・搭載機能を必要としているが、固定翼機への支援施設はグアムではアンダーセン空軍基地の北ランプ（駐機場）でのみ設置できるという。アンダーセン空軍基地には、空軍の航空機動司令部のための搭乗・搭載施設も必要だが、空軍は施設を統合して南ランプに移し、そこを空軍と移駐海兵隊が共用する計画だ。

「グアム統合軍事開発計画案」によれば、アンダーセン空軍基地は、「グローバル・ホーク（無人偵察機）、給油機、ローテーションで飛来する戦闘機と爆撃機のための空軍計画を実行する」ほか、次のように移駐海兵隊部隊の利用に供する。

●海兵隊航空戦闘部隊（ＡＣＥ）、海軍ヘリコプター海上戦闘隊（ＨＳＣ25）、および特別作戦隊などの垂直離着陸機を、北ランプ（駐機場）に沿って統合する。

●南ランプに沿った適当な区画内に、ＡＣＥ要員を支援する独身者用兵舎と生活関連（ＱＯＬ）施設の建設が必要となる。

●海兵隊の搭乗活動に関連する機器検査や管理のため、新たな客員・貨物ターミナルの建設が必要。

アンダーセン空軍基地内の北西飛行場については、海兵隊回転翼外郭着陸を空軍の厳格な着陸地訓練およびレッド・ホース（緊急整備補給団）などの新規訓練と統合する。

これらの記述から、米国がアンダーセン空軍基地を普天間基地の移設先として想定していることがうかがえる。

❖カデナの四倍、二つの飛行場、四本の滑走路をもつアンダーセン航空基地

グアム北端の台地の上に位置するアンダーセン空軍基地は、総面積六三・五平方キロ（普天間基地のほぼ一三倍、嘉手納空軍基地の四倍）の広大な敷地にあり、アンダーセン空軍基地と呼ばれる北東側には全長三四〇〇メートルと三二〇〇メートルの舗装滑走路が海に向かって並ぶ。太平洋戦争末期の一九四四年に、北飛行場に先立ってB29爆撃機や攻撃機の対日発進基地として建設された基地、すなわち北西部のアンダーセン空軍基地北西飛行場（NWE）は、現在、南側の滑走路で固定翼機の飛行訓練、パラシュート降下訓練が、北側（海側）の滑走路ではヘリコプターの離着陸訓練と空中落下訓練が行われている。基地のほぼ中央には弾薬庫がある。

北飛行場は、一九六〇年代から七〇年代にかけてＢ52がベトナム北爆のために出撃した基地として知られる。現在は米太平洋空軍がＢ52爆撃機などの離着陸・出撃訓練場として使用している。

基地の東・北・西は断崖になっており、その下にはビーチが広がる。

空軍基地の南は、フェンスを挟んで、東沿岸には海軍通信センターなどの軍事施設、その西側――太平洋戦争のとき、日米の激戦地となったことで知られる一帯（ジーゴ）には観光リゾートホテルやゴルフ場、民家のほか、いくつかの学校、病院、教会が位置している。しかし、「環境影響評価案」によると、基地外における騒音レベルはきわめて低い（次章一三一ページ参照）。

基地設置の要件を考えると、アンダーセン空軍基地は普天間航空基地から移駐する部隊受け入れの要件を満たして余りある。「環境影響評価案」によれば、海兵隊は、北東滑走路を中心に、同滑走路の北側と南側、そして北西滑走路も、施設を整備するだけで、飛行管制訓練、飛行訓練、離着陸、搭乗・貨物積み下ろし訓練などが実施できる。加えて、周辺海上は空中戦の訓練に利用できる。

また司令部と司令部要員の生活空間は、上記のように、空軍基地の南西部に接するフィネガヤン地区に確保できるという。

「環境影響評価案」で確認すると、在沖海兵隊の移駐、原子力空母の寄港、陸軍ミサイル防衛任務隊の設置などを控えて、グアムのアンダーセン空軍基地北東側滑走路、北西側飛行場、中心部の弾薬庫、フィネガヤン地区、アプラ港、アプラ港沿岸、アプラ港に近い海軍弾薬庫地区などが整備されるほか、ほとんど遊休化していた南アンダーセン空軍基地跡やバリガダなどを含む（グアムの総面積の約三分の一を占める）国防総省所有地が、基地として利用される計画であることが分かる。

基地計画によると、米軍が使用する面積は、新たに取得する土地を含めて島の四〇％を超える見込みだという。米軍は、グアム駐留軍の演習用に、一六〇キロ北東に位置するテニアン島も使うことになっている。グアムとテニアンの陸上、上空、海上、海底が米軍訓練場になる、という計画である。

米国議会は〇九年一二月八日の両院協議会で、駐沖海兵隊八〇〇〇人のグアム移転に関して二〇一〇年会計年度に三億一〇〇〇万ドルを計上することを承認した。これは、前に紹介した国防総省の要求額約三億七八〇〇万ドル（約三三二億円）に近い。「ロードマップ」合意では、米国は在沖海兵隊のグアム移転にからむヘリ発着場、通信施設、訓練支援施設、整備補給施設、燃料・弾薬保管施設などの基地施設費として三二億ドル近くを負担することになっている。初年度予算には、空軍基地北部地区駐機場整備、同地区ユーティリティ整備、アプラ地区埠頭改修、アクセス道路改修、軍用作業犬施設移転などの一次事業が含まれている。

「はじめに」の末尾に書いたように、日本の防衛省も、日本政府が費用を負担するグアム移転事業の一部がすでに契約完了したか、入札公募中であることを公表している。

メモ　なぜグアムか？――海軍統合計画室のQ&A

なぜ、グアムなのか。グアム基地建設（buildup）構想を進めている米海軍施設本部統合グアム計画室のインターネット・サイト「よくある質問」（Faq - guambuildupeis.us）で見てみよう。質疑応答形式になっているサイトを、要約して紹介する。

〈Q1〉グアム以外に海兵隊の移転先を考えたのか？

米軍を移転するという構想には、西太平洋地域において相互防衛を提供し、侵略を抑止し、脅迫を制止するという国際協定と条約上の義務を満たし、米国の国家安全保障要件を満たすという包括的な目的がある。それを検討するに当たって、米軍の作戦司令官たちは沖縄から移転される海兵隊部隊の移転先についていくつかの選択肢を検証した。分析した結論は、米国海兵隊が地域の抑止力、その保証、危機対応に貢献しつつ、緊急かつ効果的な対応能力をもつ柔軟性と地域近接性を提供するのはグアムであった。

〈Q2〉なぜグアムに原子力空母用の一時駐留埠頭を建設する必要があるのか？

基地再編の目的のひとつは、西太平洋地域における米国の国家的安全保障要件を満たすことにある。この地域で空母戦闘グループのプレゼンスを増やすのが、ひとつの鍵となる。恒久的な母港を造らず、そのために要する莫大な費用もかけずにこのプレゼンスを確保するには、一時駐留埠頭の建設がふさわしい。

グアムは他の場所と比べて、軍事活動に対する制約がなく、兵站・補給能力も高い。部隊も守りやすい。一時駐留空母埠頭の建設・運営には最善の場所だ。

〈Q３〉なぜグアムに陸軍ミサイル防衛任務隊をおく必要があるのか？

近年、弾道ミサイルの能力が向上し、非同盟国からの脅威も高まった。米国がグアムに弾道ミサイル防衛能力をもてば、非同盟諸国の弾道ミサイルから米国の安全保障を確保することになる。

〈Q４〉なぜ米軍はグアムで訓練する必要があるのか？　なぜハワイ、カリフォルニア、その他の場所で訓練できないのか？

海兵隊員は、太平洋全体におけるさまざまな緊急事態、危機、人道援助、災害救援に瞬時に対応できるように、常時訓練し、個人そして部隊としての腕を磨いておかなければならない。そうしなければ、部隊の使命と同僚隊員たちの命を台無しにしてしまう。

〈Q５〉なぜ新しい海兵隊基地として、自治領北マリアナ諸島が検討、あるいは選択されなかったのか？

アンケートでの意見に基づき、マリアナ諸島も基地建設の候補地として検討したが、すでに海軍戦艦用の深喫水港、空軍基地飛行場、他の基地施設が存在し、国防総省が管理する大規模な土地が利用できるグアムが、運営上、より適切だと判断された。

メモ 環境影響評価と基地建設

本文でも述べたが、米連邦政府は、連邦省庁が土地開発（利用）を行おうとする際、環境への影響があると判断した場合、事前に国家環境政策法（ＮＥＰＡ）に基づく環境影響評価（アセスメント）を実施するよう義務付けている。

当然、今回のグアム基地建設計画にもそれは適用された。まず担当部署（この場合は海軍施設本部・統合グアム計画室）が二〇〇七年三月、国防総省のグアム基地施設建設構想に基づく土地利用通告書を「連邦広報」で公表した。土地利用とそれによる環境への影響について、「住民・関係者の意見を求める」というのがその趣旨である。

集会で聴取した住民・関係者の意見を参考に、担当部署は「環境影響評価（ＥＩＳ）案」

を作成、〇九年一一月二〇日に公表した。この草案について、九〇日間（通常の最低四五日の二倍だが、グアムが求めていた一二〇日より短い）にわたり、すなわち一〇年二月中旬まで電子メールや手紙、集会での発言などを通じて住民・関係者からの意見を求める。その後、住民の意見を参考に、最終環境影響評価書が作成され、担当部署が署名する。

「環境影響評価案」を作成するに当たって、統合グアム計画室は、魚類野生動物庁、運輸省連邦ハイウェイ局、連邦航空局、環境保護庁、国土省島嶼問題担当局、農務省、陸軍工兵隊、空軍などにも相談した。これは最終案がまとまるまで続けるという。

環境評価に関するすべての作業は二〇一〇年夏に終了する予定で、それによりグアム基地建設計画が確定し、基地計画に着手することになる。「基地建設マスタープラン」の着工予定（〇八年七月）より、大幅にずれ込むわけである。

メモ

上空から見たアンダーセン基地と周辺

バーチャル地球儀ソフトといわれるGoogle Earthの衛星画像（画像取得日二〇〇七年二月

一日）で、およそ三〇〇メートルの高度からアンダーセン空軍基地とその近辺を眺めてみた。そこには、驚くような風景が広がっていた。

グアム北端の隆起サンゴ礁でできたほぼ平らな台地に位置する基地は、東から北そして西へ、アマオ岬、ラッテ岬、パティ岬、タグア岬、マガガン岬、リティディアン岬、アチャイ岬、ウルナオ岬……と、岸壁がそのままつきあがり、風除けのように峰状につながった小高い丘に囲まれている。基地の西側には北西飛行場、東側には北飛行場、その間に弾薬庫がある。

北東方向に全長三〇〇〇メートルを超える二本の滑走路とその間に駐機場が並ぶ空軍基地の北飛行場（別名アンダーセン空軍基地）の北側滑走路には、西端に墜落したB52爆撃機が残骸をさらしている以外に、一機の姿も見えない。駐機場には二機の戦闘機の間に平尾翼と垂直尾翼がなくマンタに似たB２ステルス戦略爆撃機、一〇機ほどの戦闘機が並ぶほか距離をおいて三機が駐機し、駐機場の別のところには、墜落したばかりのB２、さらに南側滑走路にもB２の残骸が横たわる。北側滑走路の北には格納庫、南側滑走路の南側には管理棟らしい建物や二〇数台の車両が停まっている駐車場が見える。

二〇〇五年七月に撮影された、アンダーセン空軍基地の上空をまるで航空ショーのごとく編隊飛行するアイダホ州マウンティン・ホーム空軍基地第三九一遠征戦闘機中隊所属のF14E戦闘機とミズーリ州ホワイトマン空軍基地第三二五爆撃機中隊所属のB2爆撃機を映した米空軍の写真でも、下には白い滑走路と駐機場が並ぶ飛行場が広がっているだけで、常時活用されている気配はない。

北飛行場の南東側には数十棟の軍人住宅らしい建物、基地外には貯油タンクが見える。その南の丘陵地にはジーゴ村の教会、学校、銀行、民家、病院、消防署、ガソリン・スタンド、マクドナルドやセブン・イレブンなどの店が並んでいるが、北飛行場の滑走路南端から数キロ離れている。「環境影響評価案」が騒音はほとんどない、というのもうなずける。飛行経路にもかかっていないため、墜落の危険性も少ないはずだ。

画像を、北飛行場から基地中央にある地下弾薬庫を超えて、西側に移動する。そこには、北飛行場と同じ方向に二本のかなり傷んだ滑走路が走っているものの、南側滑走路に白い丸いレーダー・ドームが建っているだけで、一機の飛行機も一台の車両も見えない。西側の峰になった岬を背にした大きな整地跡は、かつて格納庫や倉庫などが建っていた所だろうか。滑走路の間と周囲は草木と岩盤でおおわれ、とても利用されているとは思えない飛行場だ。

北西飛行場の境界線を越えて南側に移動すると、沖縄から移動する予定の海兵隊の司令部や司令部要員・海兵隊員・家族の住宅地区が予定されているというフィネガヤンが、ルート3と沿岸の間に広がっている。面積一五平方キロほどの縦長のフィネガヤン一帯には、何本かの道路、金網に囲まれた通信塔の跡地、アメリカ航空宇宙局（NASA）遠隔通信所などが点在するのみで、サンゴ礁を削ったような岩盤が広がっている。都庁、新宿駅、新宿御苑、歌舞伎町あたりから大久保、落合、四谷を越えて、早稲田大学のある高田馬場、航空自衛隊市谷基地まで広がる東京都新宿区（およそ一八平方キロ）に近い面積が、空き地同然だ。ルート3の東側には、ゴルフ場やリゾート・ホテルが位置しているが、滑走路からも弾薬庫からもかなり離れている。

衛星画像を見ると、米国がなぜ、隣接する市街地の上空をヘリコプターが低空旋回飛行して、「世界一危険」といわれる普天間航空基地をグアムのアンダーセン空軍基地に、在沖海兵隊司令部と住宅地区をフィネガヤンに移転する計画を立てたか、理由がよく分かる。移転工事のための整地もすでに始まっているのではないか、と思われるほどである。

Ⅳ

海兵隊移転を含んだ
グアム軍事拠点構想

Open House/Public Hearing
Draft Environmental Impact Statement/
Overseas Environmental Impact Statement
for the
GUAM AND CNMI MILITARY RELOCATION
Relocating Marines from Okinawa,
Visiting Aircraft Carrier Berthing, and
Army Air and Missile Defense Task Force

「統合グアム計画室」が公聴会のために作成した「環境影響評価案」の表紙。上の両肩のマークの左側には、海軍省の名が、右側には統合グアム計画室の名が印刷されている。

本章では、「環境影響評価案」で示されたグアムとテニアンの基地建設構想をもっと詳しく見てみよう。

❖「環境影響評価案」の方法と輪郭

「環境影響評価案（Draft EIS/OEIS）」は、海軍施設本部（ホノルル）の統合グアム計画室が、グアムと北マリアナ諸島における米国防総省の基地建設計画をもとに、環境保護庁、国土省の魚類野生動物保護局や島民事務局、運輸省の連邦高速道路局や連邦航空局、農務省、陸軍工兵局、空軍などの協力を得て基地建設計画の環境影響を評価（アセス）し、関係者の意見を聴取するために公表したもので、「要旨（サマリー）」と九巻からなる。

全体的には、基地建設計画の骨子を説明した後で、いくつかの候補地（選択肢）をあげて、それぞれについて環境影響を評価、それをふるい分ける、という手法をとっている。基地計画で構想されている「アクション」（プロジェクト）は、次の三つからなる。

(1)—（a）沖縄からグアムへ移転するおよそ八六〇〇人の海兵隊員とその家族のために施設とインフラを整備する。

(1)—（b）グアムとテニアン（北マリアナ諸島）における海兵隊員の訓練・作戦活動施設・

インフラを整備する。

(2)アプラ港に一時的に寄港する原子力空母のため新たな深喫水埠頭を建設し、沿岸整備を行う。

(3)陸軍ミサイル防衛任務隊を設営・運営するためグアムに移転してくる軍人約六〇〇人とその家族のための施設・インフラを整備する。

「環境影響評価案」は、これらのプロジェクトの必要性や内容を説明した上で、建設・整備後に増加する部隊、訓練・作戦活動（通信・管制、戦闘訓練、飛行訓練、水陸両用訓練、射撃訓練など）、艦船や隊員の寄港、航空機の補修施設、軍人・民間人口、軍用地需要に対応するための施設（飛行場、司令部地区、水陸両用艦駐留港、訓練・作戦活動、弾薬庫、兵舎、飲料水や道路など）の設置候補地を、現状、利用目的との整合性や立地条件、土地の有無、環境、安全性などと照らし合わせながら細かく検証する。その上で、「有力候補地」、「第二候補地」、「不適地」などと選り分け、有力候補地については、さらに適性や環境との整合性を検証するのである。不適（「ノー・アクション」）とされた場所は「現状維持」となり、軍事計画のための新たな開発は行われない。

たとえば沖縄海兵隊のグアム移転を扱った第二巻第二章の目次には、次の項目が挙げられている。――「アクションの目的と必要性」「提案されたアクションと選択肢」「地理的資源と土壌資源」「水資源」「空気の質」「空域」「土地と地下の使用状況」「娯楽資源」「陸上生物資源」「海中生物資源」「文化資源」「視覚資源」「海上交通」「(水道光熱などの)公共設備」「社会経済的および一般的サービス」「有害物質と廃棄物」「公衆衛生と安全」「環境正義と児童の保護」「参考資料」。

ウェブサイトや公聴会などで関係者の意見を聴取し、海軍施設本部でも検証を続けて最終版にまとめるための「評価案」という性格上、「もし実行されれば……」という仮定法の表現が多く、内容もきわめて多岐にわたるため、全容を紹介するのは難しい。本書では、細部にわたる記述は避け、また「環境影響評価案」の本題である「環境影響評価」に深く立ち入ることも避けて、沖縄からグアムへの海兵隊移転とそれに関連する基地建設計画、そのための施設建設有力候補地にしぼって紹介する。

❖グアムに移駐する海兵隊の構成

沖縄から移駐する海兵隊の構成は、次のとおりである。

（1）駐留海兵隊司令部――三〇四六人

海兵隊の前方展開海兵陸空任務隊（Marine Air-Ground Task Force ＝MAGTF）といわれる第三海兵遠征隊（ⅢMEF）は、水陸両用（強襲揚陸）攻撃、高密度戦闘、災害救援などに緊急出動できる能力が求められる。その司令部は、司令本部と支援組織からなり、基地配備には海軍・空軍・陸軍との連携の可能性が最優先される。

（2）第三海兵師団の陸上戦闘部隊（GCE）――一一〇〇人

銃器をもって敵に近づき、接近戦によって破壊するという任務をもつこの部隊は、師団指令部と支援組織のもと、歩兵隊、装甲車両隊、偵察隊、砲兵隊、対戦車隊などで構成する。近くに射撃などの戦闘訓練場が不可欠だ。

（3）第一航空団航空戦闘部隊（ACE）――一八五六人

海や沿岸からMAGTFの遠征作戦を支援する。海兵隊航空団司令部（MAW）、遠征支援組織、駐屯部隊支援組織などからなる。飛行隊と異なり、司令部や支援組織は飛行場に駐留する必要はない。

（4）第三海兵兵站グループ兵站戦闘部隊（LCE）――二五五〇人

海兵遠征隊の施設建設支援、車両による輸送、医療、武器弾薬などの補給、空輸、着陸支援などを担当する。そのため、第三海兵遠征隊（ⅢＭＥＦ）および遠征隊を構成する下部組織の指揮部隊、道路、港湾、飛行場などに近接する必要がある。

（5）一時駐留部隊――二〇〇〇人

歩兵大隊八〇〇人、砲兵隊一五〇人、航空隊二五〇人、その他八〇〇人。

これらの海兵隊部隊の移転のために、次のような施設が必要となる。

〈基地運営〉駐留司令部本部、独身者住宅、家屋住宅、補給・補修地域、屋外保管所、コミュニティ支援（売店、託児所、学校、娯楽施設、医療施設など）、司令訓練場、屋外スペース（パレード用地、屋外訓練場、公園など）、電気・水道。

〈訓練〉安全帯を備えた実弾・摸擬弾射撃訓練場およびある種の弾薬を使う射爆撃訓練のための特別空域、車列訓練や歩兵訓練、都市型（対テロ）戦闘訓練のための施設、離着陸や隊員・燃料・武器などの積み出しを含む航空訓練のための舗装または非舗装滑走路。

〈空港〉沖縄から移転する海兵隊部隊が必要とする滑走路、格納庫、補給・補修施設。

〈海岸〉沖縄からの海兵隊移転に伴いグアムに立ち寄る船や攻撃艦のための施設。

以上のような施設を用意するため、米海軍施設本部は、立地条件、環境、安全性、土地の所属、社会的懸念や関心、周辺住民の協力、海兵隊部隊の訓練・作戦活動などの観点から、設置要件を満たす場所を検討し、優先順に仕分けた。その結果、施設本部がそれぞれに最適だとして選んだのが、以下のような場所であった。環境影響評価が最終的に承認されれば、国防総省はほぼこの選択にしたがって基地建設を進めるものと思われる。

❖司令部、居住、訓練用に指定された地区

司令部のほか、さまざまな住宅、仕事場、娯楽施設、公民館、売店、医療施設、消防施設、警備所、収監施設、教育施設、健康施設、訓練施設、倉庫、補修施設、ゴミ処理場などを備える、こじんまりした町のような駐留司令部地区の第一候補地は、グアム北西沿岸にあるフィネガヤン海軍コンピューター・通信ステーション（ＮＣＴＳ）と、その南にある南フィネガヤン、連邦航空局施設の跡地、ハーモン村と接するハーモン・アネックスの一帯である。風光明媚な西岸に面し、東京都庁、新宿御苑、歌舞伎町、高田馬場を抱える東京都新宿区の面積に近いフィネガヤン地区は、かつては米軍住宅、学校、売店などがあったが、現在はほとんどの施設が放置または撤去され、ほとんど空き地同然だ。

この司令部地域には、障害物コース、ロープを使った懸垂下降（ラッペリング）塔、体育館などの体力トレーニング施設なども用意される予定だ。住宅地区としては、他に、南アンダーセン空軍基地跡、南フィネガヤン、バリガダ海軍基地、バリガダ空軍基地なども有力候補に挙げられた。

弾薬庫の第一候補地は、アンダーセン空軍基地にある既存の弾薬庫地区とアプラ湾に近い海軍弾薬庫地区。

パトロール訓練、白兵戦（格闘）訓練、ジャングル戦闘訓練、陸上移動訓練、空対陸作戦訓練などは、海軍弾薬庫地区の南部。

車列移動訓練、編隊訓練、都市型（対テロ）戦闘訓練、空対陸作戦訓練、機動作戦訓練は、現在は空軍が遠征飛行場訓練に使用している南アンダーセン。花火火薬を使った消火訓練は南アンダーセンと海軍弾薬庫地区北部。

すでに南アンダーセン内に現存する都市型戦闘訓練施設はグアムで最も大きく、必要とされる中隊（一〇〇～二〇〇名）規模の訓練を行うには十分だという。

実は、海兵隊は、すでに二〇〇二年二月、米国議会の承認を得て、南アンダーセンの空軍住宅地跡一七五〇エーカー（七・一平方キロ）のうち一五四一エーカー（六・二平方キロ）を空軍から譲り受けていた。前年六月に視察に訪れた担当者が、空軍が放置したままのこの一帯を、グアム駐留の海兵遠征部隊、米本土および太平洋各地に駐留する海兵隊部隊の都市型（対テロ）戦闘訓練施設を建設するのに適地で、避難訓練、パトロール訓練、陸上移動訓練、兵站（補給）訓練にも向いていると判断したからである。

沖縄のキャンプ・ハンセンには、すでに都市型戦闘訓練施設があったが、規模は南アンダーセンの訓練場よりかなり小さく、しかも民家に近い。米本土のキャンプ・ペンドルトン海兵隊基地（カリフォルニア州南西沿岸）やキャンプ・レジュネ海兵隊基地（カリフォルニア州北西沿岸）に設置されている都市型戦闘訓練場は、三〇軒近くのコンクリート建てビルが並ぶだけで、対テロ訓練に必要な意外性に乏しい。これらと比べると、南アンダーセンの旧空軍住宅地には、いくつもの道路の両側に三六〇もの複合住宅や寮が立ち並び、海兵隊一個大隊が家宅捜索型の訓練をするのにも適しているという。

複合訓練、ピストルなどの銃射撃訓練、屋内小火器訓練などを行う実弾射撃訓練場は南アンダーセンの空軍住宅跡地、南アンダーセンの西側の借地（非住宅地帯）などが、候補地に挙げられている。

❖海兵隊の飛行訓練はアンダーセン空軍基地で可能

初期訓練・計器飛行、編隊飛行、限定区域での着陸、地形飛行、兵士・兵器・弾薬・食糧などの積み出し、地上攻撃への対応、摸擬空母離着陸、空中射撃、パラシュート降下といった飛行訓練は、アンダーセン空軍基地内の三四〇〇メートルと三二〇〇メートルの長い滑走路をそなえた北飛行場とその北ランプ（駐機場）および北西飛行場、それと指定された空域や軍用飛行回廊に設定されている。ここで昼夜を問わず、垂直離着陸機オスプレイ（ＭＶ22）一二機、多目的ヘリコプター（ＵＨ1）三機、攻撃ヘリコプター（ＡＨ1）六機、重輸送ヘリコプター（ＣＨ53Ｅ）四機が訓練するという。

海兵隊移転にともなうアンダーセン空軍基地の整備がすめば、これらに加えて、強襲輸送垂直離着陸機ＭＶ22（ＰＣＳ）一二機、空中給油輸送機（ＫＣ130）二機、戦闘攻撃機（Ｆ／Ａ18）二四機、外国の艦上戦闘機（Ｆ4）四～六機も利用する。このうちＫＣ130、Ｆ／Ａ18、Ｆ4は、いずれも固定翼機である。

ＭＡＧＴＦ所属第一航空団航空戦闘部隊（ＡＣＥ）海兵航空管制グループは、コンクリート着陸帯のある場所を使って戦術航空管制訓練を行う。

ここで注目されるのは、「環境影響評価案」第二巻第二章の「飛行場機能」に関する項目にある、前章でも引用した次の文章だ。

「場所的に制約はあるものの、アンダーセン空軍基地は（飛行場機能の）適合性と基準のすべてを満たした。唯一の理にかなった選択肢である。この国防総省の現存飛行場は、沖縄から移転することになっている航空機を受け入れるだけの十分なスペースをもつ」

「海兵隊の飛行場機能要件は、アンダーセン空軍基地の現存飛行場で対応する」

「環境影響評価案」では、在沖海兵隊航空隊の移駐先として、アンダーセン空軍基地（北飛行場）の北駐機場のほか国際空港、グアム海軍基地にあるオロテ海兵隊飛行場跡、アンダーセン空軍基地内の北西飛行場を候補地として検討した結果、将来の海兵隊の使用、文化的・歴史的価値を含む環境上の配慮、予想される社会的懸念や関心といった「実現可能性」、また土地の利用可能性、運用性、訓練機能の適性、基地外へのエンクローチメント（環境破壊や住宅街への迷惑など）の有無、テロ対応、軍事目的との整合性といった「適合性」

の点で、アンダーセン空軍基地北飛行場と北駐機場が、最適地と結論づけられたのである。かつて海兵隊が使用していたオロテ飛行場は、一九四六年に閉鎖されたが、現在でもアンダーセン空軍基地に駐留する輸送ヘリがタッチ・アンド・ゴー（空母離着陸）訓練を行うことがある。

空軍基地の北西に位置し、その南側滑走路の東端で固定翼機の飛行訓練やパラシュート投下を含む輸送訓練、北側滑走路の東側でヘリコプター離着陸訓練やパラシュート降下訓練が行われている北西飛行場は、海兵隊移転後も、同じ目的に使用される。

海兵隊の飛行場機能として必要な、第一航空団航空戦闘部隊（ＡＣＥ）施設のベッドダウン、搭乗・搭載施設、飛行場のゲートや（フィネヤガンに設置される第三海兵遠征隊司令部地域からの）アクセス道路は、すべてアンダーセン空軍基地に設置できるという。ベッドダウンというのは、駐留機や外来機を支援するのに必要な作戦・補修・管理機能をもつ出撃態勢駐機施設（駐機場、空中輸送準備施設など）で、北駐機場の空き地を整備して設営する。

南側駐機場の南側には、空軍航空機動軍団と海兵隊が共用する待合所、駐車場、事務所などができる。

これで、普天間海兵隊航空基地の機能は、すべて果たせるはずである。また、アンダーセン空軍基地は、前述のように嘉手納空軍基地のおよそ四倍の面積をもつが、ベトナム戦争後はそれほど利用されていない。しかも、滑走路は海に向かっているものの周辺を住宅に囲まれている嘉手納空軍基地と異なり、アンダーセン空軍基地は東西と北の三方が海に面している。基地の南側にはグアム第二の村ジーゴ（二〇〇〇年の人口一万九五〇〇人）と最大の村・デデド（約四万三千人）に住宅、学校、教会、病院、店舗、公園などが存在しているが、海軍の調査では民間住宅地の騒音被害や危険はきわめて少ない（詳しくは後述）。普天間航空基地だけでなく、嘉手納空軍基地も、それほど活用されていないグアムのアンダーセン空軍基地、あるいはほとんど放置されたままのテニアンのハゴイ空軍基地に移転できそうである。日本をはじめ、東アジア地域同盟国との共同演習にも、沖縄より軍事的利便性が高い。

海兵隊の移転に合わせて、グアムでは駐留海兵隊と外来海兵隊の揚陸輸送艦ドックのほか、ドック型揚陸艦、合同高速艇、誘導ミサイル駆逐艦、エアクッション（空気浮上型）揚陸艇、上陸用輸送艇、水陸両用強襲車両、小型攻撃艇、戦闘偵察用ゴムボートなどの接岸・

停泊補修施設も建造される予定だという。

その第一候補地として、アプラ軍港のビクター埠頭、ユニフォーム埠頭、シエラ・タンゴ埠頭などが予定されている。これらの埠頭は、これまでも在沖海兵隊の揚陸艦などが寄港したという。沿岸には管理事務所、クリニック、シャワーなどのほかには、宿泊・休憩施設を建設する場所がないため、上記の施設が利用されるようになれば、隊員はバスやトラックで南アンダーセンに移動して「野営」し、廃棄物も別の場所に移動して処理するという。

✣実弾射撃訓練はテニアンで

グアムに移転する海兵隊は、グアムだけでなく、自治領北マリアナ諸島のテニアンでも訓練を行う。グアムの訓練施設だけでは対応できないからだ。米軍が島の中南部を軍用地として自治領政府から借りて管轄しているテニアンで、既存訓練施設を拡大して、主として実弾射撃演習を行う計画だという。揚陸訓練場も、テニアン沿岸が有力候補に挙がっている。

テニアンの三分の二を占める軍用地（六二平方キロ）のうち、島北端に位置するハゴイ空軍基地を含む北半分三一平方キロは軍事専用地域に指定されている。しかし、戦時中日本に対する爆撃機発進基地として使われたこの基地の四つの滑走路のうち二つは放置されたままで、一つは固定機とヘリコプターの訓練や遠征用の飛行場利用訓練に、もう一つはヘリコプター飛行訓練やパラシュート降下訓練に使用されているだけだ。

島中央部にある自治領政府の借り戻し（リースバック）地域（LBA、三一・五平方キロ）では、ときおり、司令、兵站、野営、車両運行、車列編成などの訓練が行われている。中央部と南部の境界辺りにあるテニアン空港（西飛行場）は、「リースバック」地域ではなく、また南西部のサン・ホセ港は荒れたままだが、米軍は航空機の離着陸、揚陸艦の入港などに使いたい意向のようだ。

「環境影響評価案」では、小隊訓練場、ライフル射撃演習場、野外射撃場、戦闘ピストル・銃砲訓練施設などのため、ハゴイ空軍基地とテニアン空港の中間地帯（LBAを含む地域）を候補地として選んだ。一週間の訓練のため、グアムのアンダーセン空軍基地からテニアン空港へ二百〜四百人の海兵隊員を運び、銃器類は小型船で輸送するという。

❖原子力空母埠頭の新設と陸軍ミサイル防衛任務隊の配備

アプラ湾の米海軍基地

沖縄からの海兵隊移転に備えたこうした基地整備と並行して、グアム南西部のアプラ湾に原子力空母接岸埠頭が建設され、アンダーセン空軍基地の南西部（海兵隊司令部の予定地）には陸軍ミサイル防衛任務隊（ＡＭＤＴＦ）が配備される予定だ。

アプラ湾プロジェクトは、アプラ・ハーバーの奥にある軍港に喫水の深い埠頭を新設し、沿岸のインフラも整備して、原子力空母が寄港できるようにしよう、という計画である。空母は、爆撃機・攻撃機・補給機・偵察機などの軍用機、兵員、武器弾薬を搭載し、護衛艦と編隊を組んで空母攻撃隊（ＣＳＧ）を形成する。いわば、海上基地（シーベース）である。アプラ・ハーバー南側のオロテ半島には旧海兵隊飛行場跡、軍港の裏には広大な海軍弾薬庫地区もあり、湾内のポラリス岬の北岸（海軍弾薬庫に近い）に深喫水の原子力空母が一時的に寄港する埠頭ができると、海兵隊が戦闘や演習のため艦載機で移動しやすくなる。東アジア近海とインド洋における米国の作戦機動力（シー・パワー）が高まることになる。

キロ埠頭は三隻のロサンゼルス級原子力潜水艦が母港として利用している。しかし海軍・海兵隊・空軍のための弾薬輸送作業で一年の大半が混雑し、現在、空母攻撃隊が寄港できるのは年に二回（一回七日間）だけである。それが、新たな深喫水埠頭の建設により、一回最大二一日間、年間六三日間、アプラに寄港できるようになるという。米海軍は現在、カリフォルニア州サンディエゴ（三か所）、ワシントン州（二か所）、横須賀に空母母港をおいているが、アプラ港は母港ではなく一時滞在港になる。

米海軍のグアム空母寄航港建設計画も、海兵隊の移転と同じく、米軍は部隊を歓迎する国に駐留させるという基本条件のもとに、①行動の自由、②同盟国の支援や制約、地域の安全保障、③紛争への対応時間を考慮した。空母の場合、「行動の自由」とは、港湾、訓練施設、基地を無制限に使用する（補給、補修を含む）自由、外敵から部隊を守る能力、緊急に出動できる自由を指す。これまで空母が寄航したオーストラリア、シンガポール、香港、日本、そしてハワイや米本土西岸の港を検討した結果、これらの条件をすべて満たすアプラ港が選ばれたのだという。横須賀を旗艦「ブルーリッジ」の母港としている第七艦隊も、アプラ港に本拠地を移したらどうだろうか。

原子力潜水艦は、地元の反対にもかかわらずたびたび沖縄本島東岸のホワイトビーチに寄港し、問題になっている。原子力空母と原子力潜水艦が、沖縄近海で行われる米海軍と海上自衛隊の共同実戦演習に参加することもある。ホワイトビーチの原子力艦船寄航機能もアプラ港に移設されるのかどうかについては環境影響評価案は言及していないが、海兵隊がグアムに移転し、原子力空母がアプラ軍港に寄港し、これまで海兵隊員などを搭載して中東に出撃しているホワイトビーチや弾薬積み出しに使われている近くの天願《てんがん》桟橋もグアムに移転すれば、軍事基地としての沖縄の役割は大きく減少することになる。

グアムにはまた、弾道ミサイル攻撃からグアムとグアム駐留の米軍を防衛するため、陸軍ミサイル防衛任務隊（ＡＭＤＴＦ）六〇〇人とその家族が駐留する予定だという。司令部と部隊基地は、フィネガヤンの海兵隊司令部部隊と同居する。隊員の住宅や生活施設は南アンダーセンの住宅地域が有力視されている。

❖大きく変わる人口構成、米軍人口は三千人から一万二千人に増加

基地計画の進展により、グアムの人口構成も大きく変わる。

まず二〇〇九年三月末に二九〇〇人に過ぎなかった駐留米軍は、沖縄からの海兵隊移転、陸軍ミサイル防衛任務隊の設置により、一挙に九一八二人も増加する。

移転してくる家族は推定九二二二人。これらに、空母などでやってきて一時駐留が見込まれている海軍兵士七二二二人と海兵隊員二〇〇〇人、そして島外からやってくると見込まれている民間人労働者一八三六人を加えると、三万人の増加となる。

軍人とその家族、民間人基地労働者とその家族、島外から来る基地労働者とその家族を合わせると、二〇一四年には増加数は四万人を超える予想だ。これに、基地建設景気につられて島外からやってくると予想される労働者とその家族を含めると、八万近くの人口増となる。二〇〇九年七月現在のグアムの総人口一七万八四三〇人が、一挙に二六万人近く

に増える計算になる。恒常的に多い失業者（失業率は二〇〇二年推定で一一・四％）にとっては、恵みの雨となるだろう。

ただし、二〇一六年に工事が完了すると、島外基地労働者とその家族が去るため、増加分は三万三〇〇〇人強にとどまる予想だという。基地建設による経済効果は示されていないが、米軍による地元産品・サービスの調達、軍人と家族による消費、空母が一時的に寄港した際の乗組員の消費を除いて、好景気は短期間で終わる可能性がある。

グアムにとって、心配の種はこれにとどまらない。軍人、軍属、その家族に加えて、米国からは基地やインフラの整備・建設を請け負う業者や労働者とその家族、そしてフィリピンなどから多数の労働者と家族が滞在するようになれば、人口構成は大きく変わり、すでに人口の三分の一に減っている先住民・チャモロの比率はさらに下がる。チャモロ人にとって、言語を含む文化の喪失を憂える状況、さらにはグアムにおけるチャモロ人消滅の危惧さえ生じる事態を招きかねない。

❖日本が資金の六割を負担してインフラを整備

一方、沖縄からの海兵隊と家族の移転により、グアムでは道路、電気、水道などのインフラや廃棄物処理場や汚水処理場も整備されることになる。

二〇〇六年の「ロードマップ」合意で、日本政府は「施設及びインフラの整備費算定額一〇二・七億ドルのうち、二八億ドルの直接的な財政支援を含め、六〇・九億ドル（二〇〇八米会計年度の価格）を提供する」することになっている。「施設」とは司令部庁舎、教場（教練場を兼ねた教室）、隊舎、学校などの生活関連施設、家族住宅、「インフラ」とは電力、上下水道、廃棄物処理場を指す。

日本政府が資金負担するプロジェクト（施工は米国の業者）のうち、二〇一〇年一月の時点で、フィネガヤン地区に建設される消防署と下士官用隊舎の設計、アプラ地区の港湾運用部隊司令部庁舎設計についてはすでに契約が完了し、フィネガヤン地区、アンダーセン空軍基地北部地区およびアプラ地区の基盤整備事業については米海軍施設エンジニアリング本部（ＮＡＶＦＡＣ）が入札公告を実施中だという。「環境社会配慮」「金融スキームの検討」「家族住宅民活事業」「インフラ民活事業」に関する「アドバイザリー業務」については、二〇〇九年一〇月末から防衛省が入札を公告している。

「環境影響評価案」は、海兵隊移転に伴う訓練・居住地区の整備と人口増加に対応できるインフラ整備についても多くのページを割いている。

計画によれば、例えば電気は現存の発電施設と送電網を整備して間に合わせる。

飲料水はアンダーセン空軍基地内に新たに二二の井戸を掘るほか、現存の井戸をグアム水道局の水道システムに接続する。また司令部・隊舎地区のフィネガヤンに水タンクを設置する。

汚水処理については、バリガダ住宅地区から北部汚水処理場につながる下水管路を新設し、ごみ処理には新たな埋立地ができるまでアプラ港内の現存埋立地を使う。

軍事基地建設に関連しては、米軍が移動しやすいように、北部、中部、アプラ港周辺、南部で道路や道路網を整備する。

❖基地公害はないのか

沖縄から海兵隊が移駐してアンダーセン空軍基地や南アンダーセンなどで訓練を行うようになれば、当然ながら「基地公害」が懸念される。上述のように、「環境影響評価案」の沖縄からグアムへの海兵隊移転を扱った第二巻は、土壌資源、水資源、空気の質、騒音、陸上生物、海中生物資源、有害物質などの項目を設けている。テニアンにおける海兵隊の訓練を扱った第三巻、アプラ港での原子力空母寄港埠頭建設に関する第四巻、陸軍ミサイル防衛任務隊配備に関する第五巻も、同じ項目について論じている。本書ではそれらすべてに触れることはできないので、沖縄の普天間基地周辺や嘉手納基地周辺で問題になっている騒音について、第二巻第六章の内容を紹介するにとどめよう。

それによれば、「環境影響評価案」では、飛行場運営、飛行訓練、陸上訓練といった米軍関連の騒音、民間飛行による騒音、建設工事の騒音、米軍と民間人の車両交通による騒音の問題を検討した。特に、アンダーセン空軍基地の主要滑走路がある北飛行場での活動、同飛行場から離れたところでの飛行訓練、陸上での実弾射撃、重機を使った建設工事、交通騒音が調査の対象となった。

アンダーセン航空基地の南側で騒音測定した結果、北飛行場の南側で最高75～80デシベル、ひとつの学校といくつかの公園のあるところで60～65デシベルを記録したものの、住宅街でそれ以上のところはなかったという。

南西飛行場の南では、騒音はさらに低かった（「環境影響評価案」によれば、70デシベルの「三メートル先のバキューム・クリーナー」や80デシベルの「廃棄物処理機」までは「まあまあ」の騒音だが、90デシベルの「一五メートル離れた大型トラックのエンジン音」、100デシベルの「織物工場」、110デシベルの「ディスコ内」は「とてもうるさい」とされる）。

アンダーセン空軍基地航空機の離着陸ルートは、海から基地をへて海へ向かい、住民居住地区の上空にはかかっていない、飛行訓練は北岸沿岸の上空を利用して行われることが、そうした結果を生んでいるようだ。基地内での弾薬処理や車両運行による騒音なども学校や病院などにはほとんど届かない。

アンダーセン基地では、第三六飛行団や第七三四航空機動支援中隊、海軍ヘリコプター中隊の固定翼機やヘリコプターが「タッチ・アンド・ゴー」を含めて三万回離着陸したが（二〇〇六年）、基地外での騒音は普天間海兵隊航空基地や嘉手納空軍基地に接する住宅地区で記録される80デシベルから90デシベル、ときには100デシベルさえ超える爆音とは比較にならないほど低い。

夜一〇時から朝六時五九分までの「夜間飛行」も、基地外で75〜80デシベルを記録した地域はごくわずかだった。それ以外はすべて75デシベル以下だった。固定翼機とヘリコプターが離着陸や空中降下訓練に使用している北西飛行場から基地外に達する騒音はさらに低かった。

計器熟練訓練、空母離着陸訓練や空輸訓練もアンダーセン空軍基地の滑走路で行われるが、近くには学校や病院がなく、高い騒音も記録されなかった。航空輸送訓練は、ほとんどが滑走路から離れた空域で行われるため、騒音は住民地区には届かない。

陸上では司令訓練、通信訓練、体力強化訓練、爆発物処理訓練、射撃訓練などが行われる。特に南アンダーセンやバリガダでは、摸擬弾や花火火薬を使った訓練、サバイバル訓練、歩行訓練、接近戦訓練、都市型戦闘訓練、車両操縦訓練などが予定されている。しかし、境界線から離れた基地内の施設で行われるため、騒音問題は生じないという。

＊

本章は、米国の基地建設構想を中心に「環境影響評価案」の概要をまとめてみた。これで見る限り、グアムには在沖海兵隊の司令部、兵士の居住区、普天間航空基地、都市型戦闘訓練施設や強襲揚陸訓練場を含むすべての基地と要員を受け入れる条件が備わっている。

しかも、アンダーセン空軍基地、フィネガヤン、南アンダーセン、アプラ軍港とその近くの海軍弾薬庫地区を含むグアムの三分の一は、米国防総省が所有している。また「評価案」によれば、軍用機の爆音や射撃訓練による騒音など基地建設後の基地公害も予測されていない。

しかし、問題がないわけではない。次章では、基地建設計画に対するグアム住民の声を紹介して、米海軍とは別の視点からこの計画の問題点を見てみよう。

メモ 「環境影響評価案」の構成

「環境影響評価案」は、「要約」と九巻で構成され、在沖海兵隊の隊員と家族のグアム移転に備えた司令部や訓練施設と居住施設、グアムに短期寄航する原子力空母の接岸埠頭、グアムに駐留する予定の陸軍ミサイル防衛任務隊のための施設、そしてテニアンにおける訓練施設の立地・建設案を盛り込んでいる。

第一巻は、個々のプロジェクトと建設候補地の概要を紹介し、一覧表で用語や略語を説明する。

第二巻は、在沖海兵隊のグアム移転に伴う施設・インフラ整備計画、グアムでの訓練・作戦活動、つづいて第三巻はグアムにおける海兵隊施設・インフラ整備とテニアンでの訓練・作戦活動について述べる。

第四巻はアプラ港で予定されている原子力空母寄港埠頭建設と沿岸整備計画、第五巻は陸軍ミサイル防衛任務隊配備、第六巻は関連する電気・水道・道路整備計画に関して、「優先候補地」と「ノー・アクション」を含むいくつかの選択肢を検証し、それぞれの環境影響を分析する。「優先候補地」はさらなる検討を加えて、最終的なグアム基地計画の一部として決定されることになる。「ノー・アクション」とは「現状維持」のことで、候補に挙げられた地域に基地施設は建設されない。

第七巻は、第二巻から第六巻で推奨された選択肢について、環境への影響、最善の環境管理方法、考えられる対応策などを論じ、環境への累積的影響を評価する。第八巻は、環境保護政策法の求めに応じて検証されたものの第七巻まで触れなかった環境や規制に関することがらを取り上げる。

最後の第九巻（付録）には、公告や縦覧における追加資料として、環境影響評価の手続き、協力機関、環境影響評価に用いた技術、分析方法、データ、米軍の訓練などを撮った写真などが掲載されている

メモ　環境への影響

「環境影響評価案」は、基地建設が環境に与える影響をどう評価し、どういう対策を勧告したのだろうか。ごく一部を、それも結論だけ紹介する。

■道路建設と土地使用　道路建設は、建設中、道路使用を妨害する。影響を抑えるためには、連邦ハイウェイ局の交通管理計画などが必要。連邦政府が司令部地域、射撃訓練場、道路整備に必要な土地を確保するには、購入より長期賃貸が必要。テニアンのリースバック地域における農耕・牧畜許可は、軍隊の意向により終了する必要がある。

■生物資源　絶滅が危惧される生物資源の生息地が失われる恐れがある。外来生物種の侵入は、現行防疫策と立案中のミクロネシア防疫対策プランで対応する。

■文化資源　グアムにおけるおよそ三四の国家登録史跡や考古学的資源、テニアンで一〇か所に対する直接的影響が懸念される。データ集積、市民教育、隊員訓練などを通じて、損傷防止、調査、監視を要する。四か所の伝統文化遺産への影響は、民間教育と保存策で対応する。

■現存電気・水道インフラへの影響　軍人・家族増加による需要増を含まない民間の飲料水需要は、現在のグアム水道局の供給能力を超えているが、需要が増えてもグアム北部の帯水層で対応できる。

V

グアム住民はどう見ているか

ハガニャのラッテ・ストーン公園に並び立つ古代チャモロ文化の遺跡「ラッテ・ストーン」。素材は石灰岩で、高さ２メートルほど。グアム島のほかサイパンやテニアンなど他のマリアナ諸島にもある。（写真はグアム政府観光局提供）

ここまで、軍事基地に関する沖縄県の資料、在日米軍再編ロードマップ、米国のグアム基地拡張（ミリタリー・ビルドアップ）計画にもとづいて、在沖海兵隊のグアム移転とそれに対応するためのグアムでの施設準備を中心に伝えてきた。では、肝心のグアム住民は、これをどう見ているのだろうか。

グアム住民の考えについては、参照できる資料がきわめて少ない。基地計画書も、「環境影響評価案」も、焦点は基地にあり、住民への影響に触れた部分は少なく、あっても具体性に欠ける。そこで、インターネットを利用して、グアムの報道機関やいろいろなグループのサイトをのぞいてみることにした。そこには、「基地拡張はグアムの発展にとってまたとないチャンス」「この太平洋の小島は、第二次世界大戦以来最大の米軍基地拡張に向けて準備を進めており、わずか五年以内の超速ペースで二〇年分の価値のある開発に取り組もうとしている」といった基地建設を歓迎する声がある一方で、文化的・社会的悪影響を懸念する声も聞かれる。本章では、こうした住民の声を紹介したい。

❖島を離れるチャモロの老人たち

その前に、二〇〇七年七月に出版された山口誠著『グアムと日本人——戦争を埋立てた楽園』から、グアムの現状を伝える部分を紹介しよう。

山口氏によれば、グアムでは大きな人口変動が起こっている。フィリピンなどから若い移民が増える一方で、グアムで生まれ育ち、老人となったチャモロ人が「グアムを捨ててカリフォルニアやハワイへ移住」しているというのである。その結果、グアムは固有の文化を失いつつあるという。（山口氏は述べていないが、グアムの老人人口が少ない大きな要因は、かつて米国がマーシャル諸島周辺で行った核実験による放射線被曝によるという。グアムでは、現在も被曝補償を求める闘いが続いている。）

「なぜグアム生まれのチャモロ人、なかでも高齢者が島を去っているのだろうか」。その理由として、山口氏は、「島の貧しさ、とくに教育と医療の貧困」を挙げる。観光産業は発展してきたものの、利益は投資先の国々へ流出し、グアムには還元されなかった。それに、一九九五年以降の軍事基地縮小に伴う連邦政府からの補助金の減少が追い討ちをかけた。失業率は上昇し、凶悪犯罪も増えた……。在沖海兵隊移転に伴う米軍の増加は、「決して喜ばしいニュースではない。脆弱な社会基盤しか持たない島で、たった数年の間に人口が一割あまりも純増する」からだ。

「仮に根本的な改善が為されないまま人口が増加し、しかも電力と水道水を大量消費する米軍基地が増設されれば、グアム住民の生活を支えるインフラは確実に崩壊するだろう」と山口氏は憂慮する。島を離れるのは老人だけではない。仕事や教育機会が少なく、将来に期待が持てないグアムから、ハワイや米国本土に移り住む若者も増えている。

✣交錯する期待と不安

話を基地拡張計画と住民の反応に戻す。

インターネットに掲載されている新聞、テレビ放送、その他のサイトで見る限り、基地拡張計画にグアム発展の期待をかけるのは、グアムの知事や経済界が中心で、「光と影」に揺れている人、グアムの自然や文化を守る観点から反対する人も少なくないようだ。

Marianas Mediaが制作した「共に未来を築こう」という番組 "MANHITA: Building Our Future Together"（"MANHITA"「マニータ」は、「連帯」「協同」を意味するチャモロ語）で、フェリックス・カマチョ知事は、「この軍事拡張は、一生に二度とない機会だ。第二次大戦後、グアムで短期間に一〇〇億から二〇〇億ドルというこんな巨大な投資は、経験したことがない」と述べて期待をにじませた。島ではすでに不動産ブーム、建設ブームを招いており、グアム経済界の夢をかきたてているという。同じ番組で、公共サービス（電気・水道など）コミッションの委員長も、基地拡張計画がグアムの政治・経済・インフラのみならず、社会や文化にも重大な影響をもたらし、二一世紀のグアムを根底的に変えるだろうと予測した。

しかし、巨大投資が、脆弱なグアムの経済・社会、人々の生活にどのような影響を与えるのか、まだ誰にも分からない。「環境影響評価案」の関心も、軍事施設に集中しており、住民生活や文化などへの影響については、「ポジティブ」な面にしか触れていない。テレビのインタービューに答えた何人かは、基地拡張がグアムのチャモロ文化や子供たち、将来の経済に与えるマイナス効果に懸念を表明し、中には、計画は住民との対話や住民への配慮に全く欠け、「独裁主義そのもの」と表現し、何百年にもわたって守り抜いてきた文化を、「いかなる武器、お金、弾圧もわれわれから奪い取ることはできない」と語る人もいた。テレビのアナウンサーは、「この自然と史跡に恵まれた美しいグアムに、新たな隣人と巨大な大砲が到着しようとしている」と語った。

グアムの日刊紙『パシフィック・デイリー・ニューズ』やテレビ局「MSNBC KUAM」なども、基地拡張計画に関する公聴会など、グアム住民の声を詳しく報道している。米軍準機関紙『星条旗』（二〇一〇年一月一〇日）に掲載された、マンギラオで開かれた公聴会の模様を伝える「グアム住民が基地拡張計画に懸念を表明」と題する記事によると、太平洋戦争で米軍が島を奪還して以来のグアムで半生を送ってきたグマタオタオ・ピティ市長のように聴衆に基地建設受け入れを呼びかける人もいたが、基地建設による急激な人口増、チャモロ文化への影響、犯罪、性病、騒音、道路混雑などの増大などを取り上げ、怒り、涙、悲嘆をもって建設反対を訴える人が多かったという。ある教師は、「グアムは戦略地ではない。グアムは人々だ」と述べ、彼の姉妹や友人たちが結成した「わがグアム」というグループは、公聴会場内外で反対声明書を配り、抗議ポスターを貼ったという。射撃訓練場にするため米軍が新たに接収を予定している島東岸の人々の間にも、観光、自動車レース、漁業などに悪影響が出るとして、建設反対の声が出ている。

基地拡大の経済効果を期待していたカマチョ知事も、〇九年一二月にグアムを訪れた北沢俊美防衛相に対して、「受け入れ能力を超えている」として普天間飛行場のグアム移設に反対を表明し、グアム議会にも土地収用に反対する決議案が提出された。

大野俊『観光コースでないグアム・サイパン』によれば、グアム政府はすでに一九九三年四月、島の米軍基地が占める総面積の「八割」を「余剰地」と試算し、マーク・フォルベス副首席補佐官は「グアムの米軍基地は後方業務が中心で、めったにない有事のために広大な基地は必要ない。民間地として活用すれば、基地税をはるかに上回る利益が得られる」と語ったという。チャモロ人も、一時期、アンダーセン基地の道路沿いや敷地に団結小屋を建て、先祖伝来の土地を奪還しようという運動を展開した。

❖ブログに見る疑問と不安

「グアムと太平洋のための平和と正義（Peace and Justice for Guam and the Pacific）」は、そのブログで、グアム基地計画に関するいくつもの情報記事のほか批判記事を掲載している。この「グアムと太平洋のための平和と正義」は、二〇〇六年に、アナン国連事務総長とジョージ・ブッシュ米国大統領に、「海兵隊八〇〇〇人の移転、および9・11後のグアムと太平洋地域における軍事基地拡張に対する懸念」を表明し、「軍事強化はグアムに住むわれわれの家族、友人、親戚に安全と安定をもたらすどころか、危険にさらす」として、チャモロ人の意思と人権の尊重やグアムとアジア太平洋地域での軍事強化の無期限延期などを訴える請願書を送ったグループである。

ブログに掲載された最新の記事には、グアム上院の基地強化問題委員会の委員長が、日米政府とも基地移転には巨額の負担を約束したものの、民間への大きな投資は保証していないと述べたとある。記事によれば、数年内に五〇％の人口増が見込まれているというのに、「汚水処理建設は大きな人口に対応できない。道路はたくさんの車が通れるほど広くない。港（商港）は一か所しかないのに、貨物（コンテナ）は数年以内に一〇万から六〇万に増えると予測されている」。グアム・メモリアル病院（グアム唯一の民間病院）はすでに満杯状態で、大きな災害が発生すれば対応できない。また、グアム大学で教鞭をとる女性は、基地強化が四千年の歴史をもつチャモロ文化の脅威になるとして、強化計画に反対する住民運動を推進しているという。

別の記事は、海兵隊の移転にともなって、警官、消防署員、刑務所・矯正施設のスタッフ、医師・看護婦、教員などが急増するものの、数年もたつと、すべて削られ、低所得者層をさらに押し下げるという、ある教育者の見解を紹介している。アプラ港に寄港する空母は、地元経済をうるおす一方で、サンゴや他の水性動植物を傷つける、基地建設は文化遺産や聖地（墓地跡）を基地内に封じ込める恐れがある、といった記事も見られる。

✣「植民地」グアムの訴え

グアム住民の不満の背景には、第I章で述べたグアムの政治的地位にある。一九五〇年に米連邦議会が定めたオーガニック法（グアムの憲法）により、グアム住民はアメリカ国民となったが、大統領を選ぶ投票権はなく、米下院に送る代表に議決権はない。つまり、グアム住民はアメリカ人でありながら、国政での発言権を認められていない。基地建設計画も、遠く離れたアメリカ政府が一方的に決定したもので、グアム住民には自分たちの声を反映させる機会は与えられなかった。グアムは、国連では、世界に残っている一六の非自治領（NSGT）、すなわち植民地と位置づけられている。

二〇〇七年六月二〇日に国連の「脱植民地化二四か国特別委員会」で、ホープ・アントイネット・クリストバルを代表とするグアムのチャモロ住民が、米国の軍事基地拡張が進むグアムの「植民地的地位」と住民の「民族自決権」にもっと関心を払うよう、国際社会に呼びかけた。

クリストバル女史によれば、「グアムの植民地化は、住民の心に影響を与えてきた。グアムのチャモロ人は、さまざまな肉体的・精神的健康問題と法的問題を体験している。人々は、矯正施設、保護観察リスト、精神病施設での割合が高く、家庭内暴力、薬物乱用、ティーンエージャー自殺、学校落ちこぼれ、その他の社会的問題の比率も高い」。カリフォルニア大学ロサンゼルス校アジア・アメリカ学部のキース・カマチョ助教授は、「米国も国連も、グアムのチャモロ人を民族自決に向けて準備する努力を怠ってきた」と指摘した上で、米国の対グアム政策の歴史を「無関心、無知、人種差別主義、単独行動主義」と形容した。

これにチャモロ人の祖先の土地や文化への強い愛着心を考え合わせると、今後の米国政府の行動次第では、こうした不満はグアム植民地解放運動に発展しないとも限らない。

❖米軍による事件・事故への心配

すでに空軍と海軍が大きな基地を構えるグアムに海兵隊基地が加われば、事故や事件も増えるだろう。二〇〇五年一月八日には、グアムのアプラ港を母港とする攻撃型潜水艦サンフランシスコがグアム近くの海底の山に衝突して、乗組員一人が死亡、二四人が負傷した。

二〇〇八年二月二三日には、アンダーセン空軍基地を離陸したばかりのB2ステルス爆撃機が基地内で墜落した（二人のパイロットは緊急脱出して助かった）。米空軍がもつ全二一機のB2ステルス爆撃機はミズーリ州のホワイトマン空軍基地をホームベースにしているが、アンダーセン空軍基地にローテーションで飛来して、四か月の飛行訓練を行うことがある。事故機も、他のB2やB2ステルス爆撃機と訓練を終えて、ホワイトマン空軍基地に帰る寸前だった。

また同年七月二一日には、アンダーセン空軍基地を飛び立ったB52爆撃機がアプラ港の北西海上で墜落、搭乗員六人全員が死亡した。原因は水平尾翼の不調と思われるという。

米兵による犯罪に関する報道は少ないが、米軍準機関紙『星条旗』（二〇〇六年四月一七日）によると、アンダーセン空軍基地で性的暴行や家庭内暴力などの飲酒事件が相次いだため、同基地の第三六航空団、第七四航空機動中隊、海軍ヘリコプター海上戦闘中隊の全員に三日間の飲酒禁止令が出されたという。米軍人・軍属・家族と地元住民との軋轢は、現在のところ、伝えられていない。

一方、前掲の山口氏の『グアムと日本人』によれば、「グアムで働く正規雇用員のうち、実に三人に一人（三一％）が連邦政府あるいは現地政府に雇用された公務員であり、その大半を先住民のチャモロ人が占めている。そして連邦政府に雇われた公務員の多くが基地関係者であり、現地政府の公務員の相当数が基地に関する仕事に従事している」。これらの基地関連公務員が、基地建設計画に異議を唱えたり、計画を批判したりするのは、きわめて難しいだろう。

master-plan.html)に掲載されている

●動画（Secretary Of The Navy Visits Guam
（http://www.youtube.com/watch?v=5RwUHjq5gtk）

●KUAM テレビのビデオ番組Video（August 11, 2009）

●テレビ局Pacific News Centerの動画 （10 August 2009）
（http://www.pacificnewscenter.com/index.php?option=com_content&view=article&id=9877:congressional-delegation-arrives&catid=34:guam&Itemid=141）

●およびMarianas Mediaが制作した” 番組“MANHITA: Building Our Future Together”の
（http://www.youtube.com/watch?v=Oe4GRLP_3cA）

（http://www.youtube.com/watch?v=ARXHnKInR_0）

（http://www.youtube.com/watch?v=-jWsrhKrXmU）

http://www.youtube.com/watch?v=tkzLD_Pi1c8)

（http://www.youtube.com/watch?v=MfdXCFkFN7c）

や上記の
（http://jgpo-guam-cmtf.blogspot.com/2008/04/draft-guam-joint-military-master-plan.html）にリンクされているさまざまなサイトを参照した。

● Peace and Justice for Guam and the Pacific （decolonizeguam.blogspot.com/)

●基地いらない 二見以北十区の会「チャモロの人々が米国と国連にメッセージ」（2007年２月８日）（http://kichi-iranai.jp/d_10kumovement/a_news/20070208/20070208.html）

●Statehood for Guam -- Perspectives in Focus
（http://www.statehoodforguam.com/page/page/170538.htm）

グーグルの衛星画像はGoogle エンタープライズ“earth.google.co.jp”（http://earth.google.co.jp/）で見ることができる。

⌘主な参考資料

グアムとサイパンの米軍基地、米国の国際戦略、米太平洋軍の編成、BRACやトランスフォメーションなどについては、米国の軍事情報専門サイトGlobalSecurity.org（www.globalsecurity.org/）を活用した。米国の国際戦略、米太平洋軍の編成、BRACやトランスフォメーションなどについては米国防総省サイトの情報も参照した。在沖米軍基地については、屋良朝博『砂上の同盟――米軍再編が明かすウソ』（沖縄タイムス社、2009）や橋本晃和、高良倉吉、マイク・モチヅキ共編『中台関係・日米同盟・沖縄―その現実的課題を問う 沖縄クエスチョン2006』（冬至書房、2007)が役立った。

グアムとテニアンについては、グアム政府観光局サイト(http://www.visitguam.jp/index.html)とマリアナ政府観光局公式サイト（http://japan.mymarianas.com/）のほか、下記を参照した。

● 大野俊『観光コースでないグアム・サイパン』（高文研、2001）
● 山口誠『グアムの日本人　戦争を埋立てた楽園』（岩波書店、2007）
● 『地球の歩き方　グアム　2010-2011年版』（ダイアモンド・ビッグ社、2009）

グアムの政治的地位については、Wikipedia,“Guam Organic Act of 1950”(http://en.wikipedia.org/wiki/Guam_Organic_Act_of_1950#President_Truman_steps_in）が参考になった。

その他、沖縄の新聞や米国の『ニューヨーク・タイムズ』、在沖米軍基地や在沖海兵隊グアム移転に関するブログ記事も参照した。

基地拡大計画に関するグアム住民の反応については、日刊紙*Pacific Daily,News*のほか、以下を参照した。

● Guam-Guam-Guam: Draft Guam Joint Military Master Plan Released: Overview of the Draft Guam Joint Military Master Plan (April, 2008) (http://jgpo-guam-cmtf.blogspot.com/2008/04/draft-guam-joint-military-

防衛省・自衛隊（http://www.mod.go.jp/）

●グアム移転事業

（http://www.mod.go.jp/images/bannar/iten_guam.gif）

●在日米軍再編について

（http://www.mod.go.jp/images/bannar/saihen_bn.gif）

●「自衛隊：在日米軍施設・区域の状況」

（http://www.mod.go.jp/j/defense/chouwa/US/sennyousisetutodoufuken.html）

●「沖縄の米軍基地」（平成20年３月）（http://www3.pref.okinawa.jp/site/view/contview.jsp?cateid=14&id=17870&page=1）

「沖縄の米軍及び自衛隊基地（統計資料集）」（2009年3月）（http://www3.pref.okinawa.jp/site/view/contview.jsp?cateid=14&id=19687&page=1）

U.S. Department of Defense

●Quadrennial Defense Review Report (September 30,1991) (http://www.defense.gov/pubs/pdfs/qdr2001.pdf)

●Quadrennial Defense Review Report (February 6, 2006) (http://www.defense.gov/qdr/report/Report20060203.pdf)

●Active Duty Military Personnel Strengths by Regional Area and by Country (March 31, 2008)(http://www.globalsecurity.org/military/library/report/2008/hst0803.pdf)

トランスフォメーションについては、下記を参照した。

●Mark David Mandeles, *Military Transformation Past and Present: Historical Lessons for the 21st Century* (Praeger Security International, West Point, CT: 2007)

●渡部恒雄「米国の軍事トランスフォーメーション・その合理性と政治性」（時事通信「世界週報」2004 年7 月13 日号掲載）（http://pranj.org/papers/nabe-sekaishuho0704.pdf）

/j/saihen/200522.pdf）で見ることができる。

なお、United States Government Accountability Office （GAO)の"DEFENSE INFRASTRUCTURE: Overseas Master Plans Are Improving,but DOD Needs to Provide Congress:Additional Information about the Military Buildup on Guam" (September, 2007)に引用されている以下の資料は参照できなかった。

- Department of Defense, Under Secretary of Defense for Acquisition, Technology, and Logistics, "Update of Overseas Master Plans" (Washington, D.C.: Oct. 12, 2006).
- Department of Defense, "Comprehensive Master Plans for Changing Infrastructure Requirements at Department of Defense Overseas Facilities" (Washington, D.C.: February, 2007).

補足資料
外務省サイト「日米安全保障体制」(http://www.mofa.go.jp/mofaj/area/usa/hosho/index.html）より：

- 「沖縄に関する特別行動委員会（SACO）最終報告」（仮訳）（平成8年12月2日）（www.mofa.go.jp/mofaj/area/usa/hosho/saco.html）
- 「日米同盟：未来のための変革と再編」（仮訳）2005年10月29日 (www.mofa.go.jp/mofaj/area/.../henkaku_saihen.html)
- 「再編実施のための日米のロードマップ」（仮訳）平成18年5月1日 (http://www.mofa.go.jp/mofaJ/kaidan/g_aso/ubl_06/2plus2_map.html)
- 中曽根外務大臣談話「在沖縄海兵隊のグアム移転に係る協定の締結の国会の承認について」平成21年5月13日
- 「第三海兵機動展開部隊の要員及びその家族の沖縄からグアムへの移転の実施に関する日本国政府とアメリカ合衆国政府との間の協定（略称:在沖縄海兵隊のグアム移転に係る協定）（平成21年2月17日　東京で署名、平成21年5月13日　国会承認、平成21年5月19日 外交上の公文の交換、公布及び告示)(http://www.mofa.go.jp/mofaj/gaiko/treaty/shomei_43.html)

ꕤ主な参考資料

本書は主としてJoint Guam Program Office,Naval Facilities Engineering Command, Pacific,U.S. Department of Navyが作成したDraft Environmental Impact Statement/Overseas Environmental Impact Statement : GUAM AND CNMI MILITARY RELOCATION Relocating Marines from Okinawa , Visiting Aircraft Carrier Berthing, and Army Air and Missile Defense Task Force （November 2009）に基づいてまとめた。資料は、インターネット・ウェブサイト“Guam Buildup EIS/OEIS : guambuildupeis.us”の（http://www.guambuildupeis.us/documents）に“Draft Environmental Impact Statement / Overseas Environmental Impact Statement”として掲載されている。同サイトには、“About the Project”“Why Guam”、“About NEPA”“FAQ”という、環境影響評価プロジェクトとはどういうものか、海兵隊の移転や基地建設になぜグアムが選ばれたか、国家環境政策法とは何か、質疑応答のページもあり、グアム基地化構想と環境アセスメントの要点を知る参考になる。

この資料に先立つ米国のグアム建設計画については、以下の資料を参照した。

- Commander, U.S. Pacific Command (USPACOM),“Guam Integrated Military Development Plan”(「グアム統合軍事計画」)”(September, 2006)は（http://www.docstoc.com/docs/5646080/Guam-Integrated-Military-Development-Plan）
- “Guam Joint Military Master Update”（Oct.1、2007)は（www.guampdn.com/assets/pdf/M087625105.pdf
- Guam Joint Program Office,“Overview of the Draft Guam Joint Military Master Plan”（April, 2008)は（http://www.docstoc.com/docs/4972773/Overview-of-the-Draft-Guam-Joint-Military-Master-Plan）

その日本語版は、防衛庁「在沖米海兵隊のグアム移転事業の進捗状況（マスタープラン素案の概要について）」（2008年５月）（www.mod.go.jp

あとがき

米国の計画が完了すれば、「常夏の観光地・グアム」は大きく変貌する。

在沖海兵隊のグアム移転は、すでに日米両政府の予算がつき始めた。フィネガヤン地区とアプラ港地区に日本政府の資金で建設される消防署、隊舎、司令部庁舎の設計は契約が完了し、アンダーセン空軍基地やアプラ湾での基盤整備事業も米国で入札手続きが始まった。米国は駐機場や飛行場水道光熱施設の整備、埠頭改修にもまもなく着手する。

アンダーセン空軍基地を中心とする空軍、アプラ湾の海軍基地を中心とする海軍のほか、アンダーセン空軍基地からアプラ湾、グアム中部や東岸、さらにはテニアンまで基地を広げた海兵隊、フィネガヤンにミサイル防衛任務隊をおく陸軍、すなわち米四軍の一大前方展開基地ができる。グアム駐留の米軍部隊だけでなく、米本土や日本から航海・飛来してくる艦船や軍用機の演習場にもなるだろう。

ここで当然起こる疑問は、すでに沖縄に総面積二万三三〇〇ヘクタールにのぼる三四もの軍事施設をおき、海兵隊一万二千人、空軍五千九百人、海軍千三百人、陸軍千七百人を駐留させている米国が、なぜグアムにほぼ似た機能をもつ軍事拠点を建設するのか、ということだろう。

米国が太平洋戦争で確保し、終戦以来軍事基地として使用してきた沖縄では、日米安全保障の基軸だとして本島の中央部を占拠されて住民の間に過大な基地負担や相次ぐ事件・事故・騒音に対する怒りや不満が絶えない。本土他府県のような「普通の県」として発展できないことへの苛立ちも強い。「脅威」がソ連から中国、北朝鮮、さらにはイラクへと変わろうとも、一貫して沖縄は「戦略的に重要な前方展開基地」と主張するのも、米国の言い分に過ぎず、六〇年以上も米軍基地を押し付けられてきた県民には納得しがたい。住民の不満は、基地撤去運動につながって外交問題化し、日米関係や日米軍事同盟をヒビ割れさせる可能性を秘めている。

一方、グアムは米国の最西端に位置する米国領。沖縄より米本土西岸やハワイに近い一方、弾道ミサイルや核兵器を有する中国や北朝鮮からは沖縄より遠いという、米国にとってきわめて戦略的な場所に位置している。米国が「不安定の弧」と呼ぶ東アジアや中近東にも、緊急に部隊を展開できる。米国領で、しかも島の三分の一を米国防総省が所有しているため、米軍の訓練や移動に制限もない。すでに空軍と海軍が駐留している島に航空機と艦船で緊急移動する即戦部隊の海兵隊が一万人近くも加われば、グアムは米国西岸からアフリカ東岸に至る地球の半分を管轄地域（ＡＯＲ）とする米太平洋軍の一大前方展開拠点になる。

米国としては、アジア・太平洋の軍事拠点をハワイと沖縄だけでなく、グアムにも置いた方が、米国や同盟国の安全保障、対テロ防衛、将兵の訓練、展開、休暇、後方支援などのために都合がよい。万一、沖縄から撤去せざるを得なくなったときに備えるためにも、自国領グアムに訓練基地を建設し、部隊とその家族を駐留させたい。それは、米国が進めている米軍再編（リアラインメント）・変革（トランスフォメーション）計画ともマッチする。しかも、グアムにおける施設やインフラの整備費は、算定額一〇二・七億ドルのうちの六〇・九億ドルを日本政府が負担するというのだから、米国としては公然と「他人のマワシ」で相撲がとれるわけだ。沖縄の基地問題をいくらかでも緩和する一方で、自衛隊がグアムやテニアンの米軍基地を利用して共同演習ができるようになれば、「日米同盟」を強化したい日本政府にとっても都合がよい。

日米がロードマップに合意したのは、同時多発テロを受けて国民の間に不安感を駆り立て、「新たな敵」に対応するため「先制攻撃論」を唱え、ウソまでついてイラク戦争に突入したブッシュ政権と、同政権の単独行動主義とイラク攻撃を支持した小泉・超親米政権であったという事実は、改めて指摘したい。

特殊な状況のもとで特殊な政権同士が交わした合意であったことを考慮すると、小泉政権とは明らかに異なる対外政策と〝日本の姿〟を打ち出した鳩山民主党政権が、ロードマップ合意を見直すのは当然であろう。ところが、国内では大手メディアを中心にブッシュ・小泉合意を「絶対視」し、見直した場合の両国関係の悪化を懸念する声もある中で、新政権は普天間航空基地の沖縄県内移設という「縛り」からなかなか抜け出せないでいる。

こうした日本国内の立ち往生状況をよそに、米国は、沖縄から九千人近くの海兵隊員をグアムに移すこととし、そのための駐留・訓練施設をグアムに建設する計画を着々と進めている。米国は、沖縄の嘉手納以南の基地の閉鎖・返還も、在日米軍再編ロードマップに従って、普天間基地の代替施設の目鼻がついてから、と強弁するが、米国のグアム基地計画を読むと、普天間基地を含む在沖海兵隊の「日本国外＝米国内」移転は、米国にとって既定の方針だったことがうかがえる。

沖縄から海兵隊がグアムに移れば日本や東アジアにおける抑止力が減退するという主張も、グアムではすでに沖縄から移転する海兵隊を受け入れるための施設整備に着手しているることやグアムの戦略的位置を考えれば、反論する値打ちさえない。

悲しいことに、米軍の「グアム統合開発計画案」も「グアム統合軍事マスタープラン」もインターネットで公開され、これらにもとづく「環境影響評価案」もグアム住民の意見を徴するためにインターネットで公表されているにもかかわらず、日本のメディアではまったく黙殺されている。中央紙の記事や社説、テレビの報道番組に登場するのは、自由民主党政権の日米関係を踏襲せよ、鳩山政権は小泉政権とブッシュ政権の間で交わされた「ロードマップ」合意を順守して早く普天間基地を沖縄県内（名護市辺野古）に移設すべし、そうしないと日米関係がこじれる、という声ばかりだ。二〇〇九年末に北沢俊美防衛大臣に同行してグアムを訪れた記者たちも、グアムの既存米軍基地や基地建設計画について調査報道することはなかった。防衛省が二〇一〇年一月にグアム移転事業の本格的開始を公表しても、メディアはそれを「普天間基地の沖縄県内移設がなければ海兵隊のグアム移転もない（だから鳩山政権は日米合意を順守すべし）」というゲーツ米国防長官などの発言に関連づけて詳しく報じることはなかった。

なぜメディアは、米国が進めているグアム基地建設計画を無視するのか。これは最近の報道機関の保守化や、記者クラブ（発表もの）依存による真実を探究しようというジャーナリズム精神の衰退と関係しているのかも知れないが、もう一つ、公表されている文書が仮定法（「この選択肢だと……」「この計画が実行されれば……」）や軍事術語の多い英文で書かれている上に分量は膨大で内容も多岐にわたるため一人の記者ではとうてい読みこなせない、しかもかなりの情報を補充しないと記事にしにくい、といった問題が「無視」「黙殺」につながっている可能性もある。

遅ればせながら、米国のグアム基地建設計画のポイントを、本書で紹介することができた。普天間問題や米国のアジア太平洋戦略、日米同盟を含む米軍再編問題を考える上で、これは決定的に重要な資料であり、本書が活用されることを願ってやまない。多くのメディアにもぜひ取り上げていただき、一人でも多くの国民にその内容を伝えてほしい。

ただ、沖縄から海兵隊をグアムに移せばよい、で済む話ではない。スペイン植民地、米海軍軍政府、太平洋戦争、朝鮮戦争、ベトナム戦争、湾岸戦争、米国の未編入領土という名の植民地……といった、近年の「亜熱帯の楽園」という名前の裏で惨苦の歴史をくぐり抜けてきたグアム住民の歴史に思いを致すと、一六〇九年の薩摩侵攻以来の、とくに沖縄戦とその後米軍基地を担わされてきた沖縄住民の歴史と重なるだけに、もろ手を挙げて賛成というわけにもいかない。執筆中、ずっと心に引っかかっていたが、まずは在沖海兵隊の移転がきっかけになったグアム基地拡張計画に焦点をあて、グアム住民の声を若干お伝えすることにとどめた。

最後になったが、本書をまとめるにあたって、高文研の梅田正己氏にはひとかたならぬご助力を得た。梅田氏と編集スタッフの皆様に、心からお礼を申し上げたい。

二〇一〇年一月

那覇市金城にて　吉田　健正

吉田健正（よしだ・けんせい）

1941（昭和16）年、沖縄県に生れる。ミズーリ大学と同大学院でジャーナリズムを専攻。沖縄タイムス、ＡＰ通信東京支社、ニューズウィーク東京支局、在日カナダ大使館を経て、桜美林大学国際学部教授。2006年に退職後、沖縄に帰郷した。
主な著書に『国際平和維持活動——ミドルパワー・カナダの国際貢献』（彩流社）、『カナダはなぜイラク戦争に参戦しなかったのか』（高文研）、『戦争はペテンだ——バトラー将軍にみる沖縄と日米地位協定』（七つ森書館）、『軍事植民地・沖縄——日本本土との温度差の正体』（高文研）など。

米軍のグアム統合計画
沖縄の海兵隊はグアムへ行く

●二〇一〇年 二 月二〇日————第一刷発行
●二〇一〇年 四 月 一 日————第二刷発行

著　者／吉田 健正

発行所／株式会社 高 文 研
東京都千代田区猿楽町二—一—八
三恵ビル（〒一〇一＝〇〇六四）
電話　03＝3295＝3415
振替　00160＝6＝18956
http://www.koubunken.co.jp

組版／株式会社Ｗｅｂ Ｄ（ウェブ・ディー）

印刷・製本／シナノ印刷株式会社

ISBN978-4-87498-436-9　C0036